河南省林木种质资源普查项目
国家自然科学基金项目（41601057、41771036）
河南省科技攻关项目（212102310840）
河南省生态经济型木本植物种质创新与利用重点实验室

资助出版

平顶山市
主要林木种质资源图鉴

齐　光　刘银萍　佟伟霜　李　凯　王新建　主编

U0227623

黄河水利出版社
·郑州·

图书在版编目（CIP）数据

平顶山市主要林木种质资源图鉴 / 齐光等主编 — 郑州：黄河水利出版社，2021.5
ISBN 978 - 7 - 5509 - 2748 - 3

Ⅰ.①平… Ⅱ.①齐… Ⅲ.①林木 – 种质资源 – 平顶山 – 图谱 Ⅳ.①S722-64

中国版本图书馆CIP数据核字（2020）第 134720 号

策划编辑：岳晓娟　　电话：0371-66020903　　邮箱：2250150882@qq.com

出　版　社：黄河水利出版社
　　　　　　地址：河南省郑州市顺河路黄委会综合楼14层　　　　　　邮编：450003
发行单位：黄河水利出版社
　　　　　　发行部电话：0371 - 66026940、66020550、66028024、66022620（传真）
　　　　　　E-mail：hhslcbs@126.com
承印单位：河南瑞之光印刷股份有限公司
开本：787 mm × 1 092 mm　　1/16
印张：19.5
字数：280 千字　　　　　　　　　　　　　印数：1—1 000
版次：2021 年 5 月第 1 版　　　　　　　　印次：2021 年 5 月第 1 次印刷

定价：160.00 元

前　言

　　林木种质资源是维系生态安全和林业可持续发展的基础性、战略性资源。我国当前生态文明建设和黄河流域生态文明建设的时代背景，赋予了林木种质资源普查工作以鲜明的时代特色。平顶山市根据《河南省林业厅关于开展全省林木种质资源普查工作的通知》（豫林种〔2016〕171号）和《河南省林木种质资源普查工作方案》（豫林种发〔2016〕20号）文件精神，按照《河南省林木种质资源普查技术手册》要求，依据《林木种质资源普查技术规程》（DB41/T 1489—2017），结合省林业厅专家组意见，于2016年12月至2020年3月进行了全市林木种质资源普查工作。

　　此次林木种质资源普查工作共普查145个乡（镇、街道办）2 643个行政村和6 875个自然村，收录林木物种共计89科282属915种，另有品种495种。本书选取了此次普查工作中具有代表性的301种植物，涵盖了平顶山林木种质资源的主要植物科属（74科197属）。每种植物都配有精心拍摄的照片，并以分布示意图的方式表示该植物在平顶山市各县（区）的分布情况，数据源为河南省林木种质资源信息系统（河南省经济林和林木种苗工作站），以便广大植物学者、林业工作人员及植物爱好者进行查阅和学习。

平顶山市行政区划示意图

根据省林业厅统一要求，本图鉴物种按照恩格勒植物分类系统进行编排；物种拉丁名参考《中国植物志》；物种用途主要参考杨期和主编的《植物资源学》（2009，暨南大学出版社）中的用途分类，并结合本次河南省种质资源普查的要求分为以下6大类：

图标	含义
	可做木材用植物
	可食用植物
	工业用途植物
	绿化、观赏植物
	药用植物
	蜜源植物

本书在成书过程中，得到了河南省林业厅、平顶山市林业局、平顶山学院、河南农业大学、平顶山市绿化办、平顶山市林木种苗管理站、河南城建学院、平顶山市白龟山湿地省级自然保护区管理中心、平顶山市林业技术推广站、鲁山县林木种苗管理站、舞钢市林木种苗管理站等单位同仁的帮助和支持。在此，向帮助和督促本书编写的平顶山市林业局郎建民局长和平顶山学院苏晓红校长表示衷心感谢！感谢叶永忠、苏金乐、王齐瑞、岳德军、刘宗才、张金龙、李家美、张晓亮等专家学者在统稿过程中提出的宝贵意见，同时感谢程智远、余祖运、黄志强、李红霞、陈科铭、李艳昌、杜莘莘、张久铭、周丰群、赵干卿、李松田、李青彬、贺国旭、刘沛松、程立平、程世平、张志录、李彦娇、姚鹏强、谢朝晖、刘瑞芳、柳静、佘秋生、芦迎辉、万少侠、周耀伟、于克同、李士洪、王瑞旺、陈应旭、徐亚龙、库红才、董佳明、李莹莹、李佳怡、陈光、徐国超、耿晓丹、冯蕊、张乐、苏少挨、付元海、张小甲、袁艳茹、徐豫等朋友为本书撰写提供的无私帮助。

齐 光

2020年10月

目　录

银　杏

别　名： 白果、公孙树、鸭脚子

科　属： 银杏科 银杏属

学　名： *Ginkgo biloba* Linn.

形态特征： 落叶乔木，树皮灰褐色，深纵裂。叶扇形，无毛，叉状脉，常具波状缺刻或 2 裂，基部宽楔形，淡绿色，秋季落叶前变黄。雌雄异株，单性，雄球花葇荑状；雌球花具长梗，梗端分叉，叉顶着生胚珠。种子具长梗，常为椭圆形、卵圆形，外种皮肉质，中种皮白色骨质，内种皮膜质；胚乳肉质，子叶 2 枚。

分布示意图：

用　途：

【 1 】

巴山冷杉

别　名：洮河冷杉、华枞、川枞、太白冷杉、鄂西冷杉

科　属：松科 冷杉属

学　名：*Abies fargesii* Franch.

形态特征：常绿乔木；枝条轮生，小枝对生，树皮粗糙，块状开裂；冬芽卵圆形或近圆形，有树脂；一年生枝红褐色或微带紫色，微有凹槽。叶在枝条下面列成两列，上面之叶斜展或直立，直或微曲，先端钝有凹缺，叶面深绿色，有光泽，无气孔线，叶背沿中脉两侧有 2 条粉白色气孔带；脱落后留有近圆形吸盘状叶痕。球果柱状矩圆形或圆柱形，熟时淡紫色、紫黑色或红褐色；中部种鳞肾形或扇状肾形，上部宽厚，边缘内曲；苞鳞倒卵状楔形，边缘有细缺齿，微露出；种子倒三角状卵圆形，种翅楔形，较种子为短或等长。

分　布：为我国特有树种，产河南西部、湖北西部及西北部、四川东北部、陕西南部、甘肃南部及东南部海拔 1 500~3 700 m 地带。在巴山、秦岭等地组成纯林。模式标本采自四川城口。

用　途：

金钱松

别　名： 水树、金松

科　属： 松科 金钱松属

学　名： *Pseudolarix amabilis*（Nelson）Rehd.

形态特征： 高大乔木；树干通直，树皮裂成不规则的鳞片状块片。叶条形，柔软，镰状或直，叶面绿色，叶背蓝绿色，中脉于两面明显，有 5~14 对气孔线；长枝之叶辐射伸展，短枝之叶簇状密生，秋后叶呈金黄色。雄球花黄色，圆柱状，下垂；雌球花紫红色，直立，椭圆形，具短梗。球果卵圆形或倒卵圆形，熟时淡红褐色；中部种鳞卵状披针形，两侧耳状，腹面种翅痕之间有纵脊凸起，脊上密生短柔毛；苞鳞卵状披针形，边缘有细齿；种子卵圆形，白色，种翅三角状披针形，淡黄色或淡褐黄色。

分布示意图：

用　途：

雪 松

别　名：香柏

科　属：松科 雪松属

学　名：*Cedrus deodara*（Roxb.）G. Don

分布示意图：

形态特征：高大乔木；深灰色树皮，鳞块状开裂；枝平展或微垂，树形优美，一年生长嫩枝色淡灰黄，密生短茸毛，微有白粉，二、三年生枝色褐灰或深灰。长枝辐射状伸展，短枝叶簇生。叶坚硬针形，淡绿或深绿色，三棱形，叶具气孔线，幼时有白粉。雄花长椭圆形，球果幼时淡绿色，微有白粉，成熟后红褐色，卵圆形或宽椭圆形，有短梗；种鳞扇状倒三角形，鳞背密生短茸毛；苞鳞短小；种子三角状，种翅宽大，较种子为长。

用　途：

白皮松

别　名： 白骨松、三针松、白果松、虎皮松、蟠龙松

科　属： 松科 松属

学　名： *Pinus bungeana Zucc.ex Endl.*

形态特征： 乔木，具明显的主干，或从基部分成数干；枝条斜展细长，宽塔或伞形树冠；幼嫩树皮光滑，色灰绿，老树树皮色淡褐灰或灰白色，不规则鳞状块裂片脱落，露出光滑粉白色的内皮，树干白褐相间成斑鳞状；一年生枝灰绿色，无毛；冬芽卵圆形色红褐，无树脂。针叶 3 针一束，粗硬，叶鞘脱落。雄球花卵圆形或椭圆形，聚生于新枝基部成穗状。球果常卵圆形或圆锥状卵圆形，有短梗或几无梗；花期 4~5 月，球果翌年 10~11 月成熟。

分布示意图：

用　途：

油 松

别　名：短叶松、红皮松、短叶马尾松、东北黑松、紫翅油松、巨果油松

科　属：松科 松属

学　名： *Pinus tabuliformis* Carr.

形态特征：高大乔木；树皮灰褐色或褐灰色，裂成不规则较厚的鳞状块片，裂缝及上部树皮红褐色；褐黄色小枝较粗，幼时微被白粉；矩圆形冬芽微具树脂。针叶二针一束，深绿色，粗硬，边缘有细锯齿，两面具气孔线。雄球花圆柱形，在新枝下部聚生成穗状。球果卵形或圆卵形，嫩时绿色，成熟后淡黄色或淡褐黄色，常宿存树上近数年之久；种子卵圆形或长卵圆形，淡褐色有斑纹。

分布示意图：

用　途：

马尾松

别　名：枞松、山松、青松

科　属：松科 松属

学　名：_Pinus massoniana_ Lamb.

形态特征：高大乔木；树皮裂成不规则的鳞状块片；冬芽芽鳞边缘丝状，微反曲。针叶 2 针一束，稀 3 针一束，细柔，微扭曲，两面有气孔线，边缘有细锯齿；叶鞘宿存。雄球花淡红褐色，圆柱形，弯垂，聚生于新枝下部苞腋，穗状；雌球花单生或 2~4 个聚生于新枝近顶端，淡紫红色，圆球形或卵圆形，上部珠鳞的鳞脐具向上直立的短刺。球果卵圆形或圆锥状卵圆形，有短梗，下垂，熟时栗褐色；鳞盾菱形，横脊微明显，鳞脐微凹，无刺；种子长卵圆形；子叶 5~8 枚。

分布示意图：

用　途：

杉 木

别　名：沙木、沙树、正杉、正木、木头树、刺杉、杉

科　属：杉科 杉木属

学　名：*Cunninghamia lanceolate*（Lamb.）Hook.

形态特征：高大乔木；幼时树冠尖塔形，大树圆锥形，树皮灰褐色，裂成长条片脱落，内皮淡红色；大枝平展，小枝近对生或轮生，常成二列状，幼枝绿色，光滑无毛；冬芽多圆形，有小型叶状的芽鳞。披针形叶革质坚硬常微弯、镰状叶缘有细缺齿，叶面深绿且有光泽，叶背淡绿色，中脉两侧各具1条白粉气孔带。雄球花圆锥状，通常40多个簇生枝顶，雌球花单生或数个集生，绿色。球果卵圆形，熟时苞鳞革质，棕黄色，先端有坚硬的刺状尖头；种子扁平，具种鳞，长卵形或矩圆形，暗褐色，两侧边缘有窄翅。

分布示意图：

用　途：

柳 杉

别　　名：长叶孔雀松

科　　属：杉科 柳杉属

学　　名：*Cryptomeria fortunei* Hooibrenk et Otto et Dietr.

形态特征：高大乔木；树皮红棕色，纤维状长条片脱落。叶钻形略向内弯曲，先端内曲，四边有气孔线。雄球花单生叶腋，长椭圆形，集生于小枝上部，成短穗状花序状；雌球花顶生于短枝上。球果圆球形或扁球形；种鳞 20 左右，上部有 4~5（稀 6~7）短三角形裂齿，鳞背中部或中下部有一个三角状分离的苞鳞尖头，能育种鳞有 2 粒种子；种子褐色，近椭圆形，扁平，边缘有窄翅。

分布示意图：

用　　途：

水 杉

科　属： 杉科 水杉属

学　名： *Metasequoia glyptostroboides* Hu et Cheng

形态特征： 通直乔木；树干基部常膨大；树皮色灰或暗灰，幼时薄皮状脱落，成树长条状脱落，露出淡紫褐色内皮；小枝下垂，稀疏，树冠广圆形；新枝光滑无毛，淡绿色，老枝树皮色灰或暗灰，侧生小枝羽状排列，冬季脱落；树形幼时尖塔状，老时广圆状，枝叶较其他树木稀疏；叶淡绿色，条形，气孔带位于中脉两侧，淡黄色，叶在小枝上羽状排列，冬季脱落。球果近四棱形；种子扁平，子叶2枚。

分布示意图：

用　途：

侧 柏

别　　名：黄柏、香柏、扁柏、扁桧、香树、
香柯树

科　　属：柏科 侧柏属

学　　名： *Platycladus orientalis*（Linn.）Franco

形态特征：乔木；树皮薄而纵裂成条，色
灰褐；树形幼时尖塔状，老时广圆形；小
枝纤细，扁平。叶不明显为鳞形。雄球花
色黄，卵圆形，硬币大小；雌球花色蓝绿，
有白粉，近球形，木质，开裂后色红褐；
种子色紫褐或灰褐，卵圆形，稍有棱角。
花期 3~4 月，球果 10 月成熟。

分布示意图：

用　　途：

圆 柏

别　名： 桧、桧柏、刺柏、红心柏、珍珠柏

科　属： 柏科 圆柏属

学　名： *Sabina chinensis*（Linn.）Ant.

形态特征： 高大乔木；树皮深灰色，成条片开裂；幼树成尖塔形树冠，老则成广圆形的树冠；小枝通常直或稍成弧状弯曲，径 1~1.2 mm。叶二型，刺叶生于幼树之上，老龄树则全为鳞叶，壮龄树二者兼有之；生鳞叶的小枝近圆柱形或近四棱形。叶多三叶轮生，披针形；鳞叶叶背具腺体，刺叶有两条白粉带。多雌雄异株，雄球花黄色，椭圆形。近圆球形球果，径 6 mm 两年成熟；种子卵圆形，有棱脊及少数树脂槽。

分布示意图：

用　途：

罗汉松

别　名： 土杉、罗汉杉

科　属： 罗汉松科 罗汉松属

学　名： *Podocarpus macrophyllus*
（Thunb.）D.Don

形态特征： 乔木；枝较密，树皮浅纵裂，成薄片状脱落。叶螺旋状着生，条状披针形，微弯，叶面深绿色，有光泽，中脉显著隆起，叶背带白色、灰绿色或淡绿色，中脉微隆起。雄球花穗状、腋生，常 3~5 个簇生于极短的总梗上，基部有数枚三角状苞片；雌球花单生叶腋，有梗，基部有少数苞片。种子卵圆形，先端圆，熟时肉质假种皮紫黑色，有白粉，种托肉质圆柱形，红色或紫红色。

分布示意图：

用　途：

三尖杉

别　名：藏杉、桃松、狗尾松、三尖松、山榧树、头形杉

科　属：三尖杉科 三尖杉属

学　名：*Cephalotaxus fortunei* Hook.f.

形态特征：常绿乔木；树皮色褐或红褐，成片状脱落；树冠广圆形。披针条形叶，微弯，两列，中脉隆起，深绿色，气孔带白色明显。雄球多朵花聚生，总花梗粗，有多枚苞片包裹，雄花具多枚雄蕊，花丝短花药 3。略圆形种子，具紫色或紫红色假种皮；子叶 2。花期 4 月，种子 8~10 月成熟。

分布示意图：

用　途：

粗榧

别　名: 鄂西粗榧、中华粗榧杉、粗榧杉、中国粗榧

科　属: 三尖杉科 三尖杉属

学　名: *Cephalotaxus sinensis*（Rehd.et Wils.）Li

形态特征: 稀为大乔木，多为灌木或小乔木；树皮色灰或灰褐，薄片状脱落。叶条形，两列，几无柄，深绿色，中脉明显，白色气孔带 2 条。雄球花 6~7 聚生成头状，基部及总梗上有多数苞片，雄球花卵圆形，基部有 1 枚苞片，雄蕊 4~11 枚，花丝短，花药 2~4（多为 3）个。种子通常 2~5 个着生于轴上，卵圆形、椭圆状卵形或近球形，顶端中央有一小尖头。花期 3~4 月，种子 8~10 月成熟。

分布示意图:

用　途:

红豆杉

别　名： 卷柏、扁柏、红豆树、观音杉

科　属： 红豆杉科 红豆杉属

学　名： *Taxus chinensis*（Pilger）Rehd.

形态特征： 常绿乔木；树皮色暗褐、灰褐或红褐，条片脱落；新枝色绿或淡黄绿，秋季老枝黄褐、淡红褐或灰褐色；冬芽有光泽，红褐色。条形叶两列，微弯曲，有光泽深绿色，下面颜色略淡，具两条气孔带，中脉上密生乳突状突起。雄球花色淡黄。具红色肉质杯状假种皮，种子卵圆形，具二棱脊微钝。

分布示意图：

用　途：

阔叶箬竹

别　名：棕叶、棕巴叶、棕巴叶竹、庐山茶竿竹、截平茶竿竹

科　属：禾本科 箬竹属

学　名：*Indocalamus latifolius*（Keng）McClure

形态特征：竿高可达 2 m，直径 0.5~1.5 cm；节间长 5~22 cm，被微毛，尤以节下方为甚；竿环略高，箨环平。箨鞘硬纸质或纸质，背部常具棕色疣基小刺毛或白色的细柔毛，箨片直立，线形或狭披针形。叶鞘无毛，质厚，坚硬；叶舌截形；叶耳无；叶片长圆状披针形，叶面灰白色或灰白绿色，次脉 6~13 对，小横脉明显，形成近方格形，叶缘生有小刺毛。圆锥花序，小穗常带紫色，几呈圆柱形，含 5~9 朵小花；小穗轴节间密被白色柔毛；颖通常质薄，第一颖具不明显的 5~7 脉，第二颖具 7~9 脉；花药紫色或黄带紫色；柱头 2，羽毛状。果实未见。

分布示意图：

用　途：

棕 榈

别　　名： 棕树、栟榈

科　　属： 棕榈科 棕榈属

学　　名： *Trachycarpus fortunei*（Hook.）H. Wendl.

形态特征： 乔木状，树干圆柱形，被不易脱落的老叶柄基部和密集的网状纤维。叶片呈 3/4 圆形或者近圆形，深裂 30~50 片线状剑形裂片，裂片先端具短 2 裂或 2 齿；叶柄两侧具细圆齿，顶端有明显的戟突。花序粗壮，从叶腋抽出，常是雌雄异株。雄花序具有 2~3 个分枝花序；雄花无梗，黄绿色；雌花序有 3 个佛焰苞，具 4~5 个圆锥状的分枝花序；雌花淡绿色，无梗，心皮被银色毛。果实阔肾形，熟时由黄色变为淡蓝色，有白粉。

分布示意图：

用　　途：

凤尾丝兰

别　　名： 剑麻、凤尾兰

科　　属： 百合科 丝兰属

学　　名： *Y. gloriosa* L.

形态特征： 常绿灌木；茎短常分枝。叶近簇生于茎或枝顶端；叶线状披针形，先端长渐尖，坚硬刺状，全缘或老时具分离的白色丝状纤维。顶生狭圆锥花序，无毛；花白色或淡黄白色，下垂；花被片6，长圆形或卵状椭圆形，具突尖；雄蕊6，花丝变，不伸出花冠，子房上位，二棱形，柱头3裂，每个又2裂。蒴果倒卵状长圆形，不开裂。种子多数，扁平而薄。

分布示意图：

用　　途：

黑果菝葜

别　名： 金刚藤头

科　属： 百合科 菝葜属

学　名： *Smilax glauco-china* Warb.

形态特征： 攀缘灌木，具粗短的根状茎，常疏生刺。叶为二列互生，厚纸质，通常椭圆形，叶背苍白色，多少可以抹掉；叶柄一半具鞘，有卷须，脱落点位于上部。花绿黄色成伞形花序，着生于叶稍幼嫩的小枝上；花序托稍膨大，具小苞片；雄花花被片 6，长 5~6 mm，宽 2.5~3 mm；雌花与雄花近等大，具 3 枚退化雄蕊。浆果黑色，具粉霜。

分布示意图：

用　途：

土茯苓

别　　名： 光叶菝葜、硬板头

科　　属： 百合科 菝葜属

学　　名： *Smilax glabra* Roxb.

形态特征： 攀缘灌木；根状茎粗厚，块状，常由匍匐茎相连接；枝条光滑，无刺。叶互生，薄革质，狭椭圆状披针形至狭卵状披针形，叶背常绿色，有时带苍白色；叶柄 3/5~1/4 具狭鞘，有卷须。绿白色花常 10 余朵成伞形花序；总花梗明显短于叶柄；花序托与宿存小苞片呈莲座状；花成六棱状球形；雄花外花被片兜状，背面中央具纵槽；内花被片边缘有不规则的齿；雄蕊靠合，与内花被片近等长；雌花外形与雄花相似，但内花被片边缘无齿，具 3 枚退化雄蕊。浆果紫黑色，具粉霜。

分布示意图：

用　　途：

小果菝葜

科　属： 百合科 菝葜属

学　名： *Smilax davidiana* A.DC.

分布示意图：

形态特征： 攀缘灌木，具粗短根状茎。茎长 1~2 m，少数可达 4 m，具疏刺。叶坚纸质，干后红褐色，通常椭圆形，叶背淡绿色；叶柄较短，占全长的 1/2~2/3，具鞘，有细卷须，脱落点位于近卷须上方；鞘耳状，明显比叶柄宽。伞形花序生于叶尚幼嫩的小枝上，具几朵至 10 余朵花，多少呈半球形；花序托膨大，近球形，具宿存的小苞片；花绿黄色；花药比花丝宽 2~3 倍；雌花比雄花小，具 3 枚退化雄蕊。浆果直径 5~7 mm，熟时暗红色。

垂 柳

别　　名： 水柳、垂丝柳、清明柳

科　　属： 杨柳科 柳属

学　　名： *Salix babylonica* L.

形态特征： 常见乔木。灰黑色树皮，具不规则开裂；枝条纤细下垂，光滑无毛。窄披针形叶，楔形基部，叶片无毛色绿至淡绿，边缘具锯齿，有叶柄具短柔毛。先花后叶，或同时开放。雄花序具短梗；雄蕊 2，具苞片，花药色红黄，具腺体；雌花序略长。蒴果。

分布示意图：

用　　途：

化香树

别　名: 花木香、还香树、皮杆条、山麻柳、栲香、栲蒲、换香树、麻柳树、板香树、化树、花龙树

科　属: 胡桃科 化香树属

学　名: *Platycarya strobilacea* Sieb. et Zucc.

形态特征: 落叶小乔木,树皮色灰,具不规则纵裂。奇数羽状复叶(7~23 枚),小叶纸质色绿至浅绿,叶脉具褐色短柔毛,对生或互生,侧生小叶无柄,卵状披针形至长椭圆状披针形,不等边,上方较阔大,基部歪斜,边缘有锯齿;顶生小叶具叶柄,基本对称。两性花序和雄花序在小枝顶端排列成伞房状花序束。果序球果状具木质宿存苞片;果实压扁状小坚果,两侧具狭翅。种子卵形,种皮色黄褐,膜质。

分布示意图:

用　途:

青钱柳

别　　名：青钱李、山麻柳、山化树

科　　属：胡桃科 青钱柳属

学　　名：*Cyclocarya paliurus*（Batal.）Iljinsk.

形态特征：乔木；枝条具灰黄色皮孔。芽密被锈褐色盾状着生的腺体。奇数羽状复叶具 7~9（稀 5 或 11）小叶；小叶纸质；长椭圆状卵形至阔披针形；顶生小叶具小叶柄，长椭圆形至长椭圆状披针形；叶缘具锐锯齿，侧脉 10~16 对，叶面被有腺体，叶背被有灰色细小鳞片及盾状着生的黄色腺体，沿中脉和侧脉生短柔毛，侧脉腋内具簇毛。雄性葇荑花序，花序轴密被短柔毛及盾状着生的腺体。雌性葇荑花序单独顶生，花序轴常密被短柔毛，其下端不生雌花的部分被锈褐色毛的鳞片。果实扁球形，具革质圆盘状翅，花被片 4 枚及花柱宿存，果实及果翅全部被有腺体。

分布示意图：

用　　途：

湖北枫杨

别　　名：山柳树

科　　属：胡桃科 枫杨属

学　　名：*Pterocarya hupehensis* Skan

形态特征：落叶乔木；与枫杨比较皮孔
更为显著；芽柄显著色黄褐，亦密被盾状
着生的腺体。奇数羽状复叶，较枫杨长，
小叶数少，小叶间距更大；侧生小叶具小
叶柄；叶纸质具单锯齿，暗绿色，被细小
的疣状凸起及少量腺体，沿中脉具稀疏的
星芒状短毛，侧脉腋内具星芒状短毛。葇
荑状雄花序，短而粗的花序梗。雌花小苞
片及花被片被有腺体。果序较枫杨长，果序轴几乎无毛；果翅阔。

分布示意图：

用　　途：

枫 杨

别　名： 麻柳、娱蛤柳

科　属： 胡桃科 枫杨属

学　名： *Pterocarya stenoptera* C. DC.

形态特征： 落叶大乔木；树皮幼时色浅灰且平滑，老时深纵裂；小枝具灰黄色皮孔；芽具柄，密被锈褐色盾状着生的腺体。叶多羽状复叶，叶轴具翅；小叶 10~16 枚（稀 6~25 枚），无柄，多对生，边缘有向内弯的细锯齿，叶表具浅色疣状凸起，叶脉被有极短的星芒状毛。雄性葇荑花序着生于叶痕腋内。果序轴常被有宿存的毛。果实长椭圆形具条形狭翅。花期 4~5 月，果熟期 8~9 月。

分布示意图：

用　途：

胡桃楸

别　　名：核桃楸

科　　属：胡桃科 胡桃属

学　　名：*Juglans mandshurica* Maxim.

形态特征：落叶乔木；枝条扩展；树皮色灰，具浅纵裂；幼枝被有短茸毛。奇数羽状复叶，萌发条上复叶大，小叶 15~23 枚；孕性枝上小复叶小，小叶 9~17 枚，叶柄基部膨大，边缘具细锯齿，被贴伏的短柔毛及星芒状毛；侧生小叶无柄对生，基部近心形歪斜。雄性菜荑花序；雄蕊多 12 枚，稀 13 或 14 枚。雌性穗状花序具 4~10 雌花，花序轴被有茸毛。雌花柱头鲜红色。果序常具 5~7 果实，俯垂。球状果实密被腺质短柔毛；果核具 8 条纵棱，两条较显著，棱间具不规则皱曲及凹穴。

分布示意图：

用　　途：

胡 桃

别　名：核桃

科　属：胡桃科 胡桃属

学　名：*Juglans regia* L.

形态特征：落叶乔木，树干较矮，树冠广阔，树皮幼时灰绿，老时灰白且纵向浅裂；小枝无毛，具光泽，具盾状腺体。奇数羽状复叶，小叶通常 5~9 枚，稀 3 枚，侧脉 11~15 对，腋内具簇短柔毛，侧生小叶近无柄，顶生小叶常具小叶柄。雄性葇黄花序下垂；雄蕊 6~30 枚，花药黄色。雌性穗状花序通常具 1~3（~4）雌花。果序短，杞俯垂，具 1~3 果实；果实近于球状，无毛；果核稍具皱曲，有 2 条纵棱。

分布示意图：

用　途：

榛

别　名： 平榛、榛子

科　属： 桦木科 榛属

学　名： *Corylus heterophylla* Fisch. ex Trautv.

形态特征： 灌木或小乔木；小枝密被短柔毛兼被疏生的长柔毛，无或多少具刺状腺体。叶矩圆形或宽倒卵形，顶端凹缺或截形，中央具三角状突尖，叶缘具不规则的重锯齿，中部以上具浅裂，叶仅沿脉疏被短柔毛，侧脉 3~5 对；叶柄纤细。雄花序单生；果单生或 2~6 枚簇生成头状；果苞钟状，外面具细条棱，密被柔毛及刺状腺体，较果长但不超过 1 倍；序梗密被短柔毛。坚果近球形，无毛或仅顶端疏被长柔毛。

分布示意图：

用　途：

千金榆

科　属： 桦木科 鹅耳枥属

学　名： *Carpinus cordata* Bl.

形态特征： 落叶乔木；树皮色灰；小枝具沟槽。叶卵形厚纸质，顶端具刺尖，基部斜心形，叶缘具刺毛状重锯齿，叶背沿脉疏被短柔毛，侧脉 15~20 对；叶柄多无毛。果序具梗，果苞长为宽的 2 倍矩圆形，无毛，内侧的裂片内折，遮盖小坚果。小坚果亦为矩圆形，无毛，具不明显细肋。

分布示意图：

用　途：

鹅耳枥

别　名：穗子榆

科　属：桦木科 鹅耳枥属

学　名：*Carpinus turczaninowii* Hance

形态特征：乔木；树皮暗灰褐色，粗糙且浅纵裂；灰棕色枝细瘦无毛。卵形、宽卵形、卵状椭圆形或卵菱形叶，顶端锐尖或渐尖，叶缘具规则或不规则的重锯齿，叶面多无毛，叶背沿脉疏被长柔毛，脉腋间具髯毛，侧脉8~12对；叶柄疏被短柔毛。果序长 3~5 cm；序梗、序轴均被短柔毛；果苞多形，疏被短柔毛，内侧的基部具一个内折的卵形小裂片，中裂片内侧边缘全缘或疏生不明显的小齿，外侧边缘具不规则的缺刻状粗锯齿或具 2~3个齿裂。宽卵形小坚果，有时上部疏生树脂腺体。

分布示意图：

用　途：

白 桦

别　名：粉桦、桦皮树

科　属：桦木科 桦木属

学　名：*Betula platyphylla* Suk.

形态特征：落叶大乔木；树皮灰白色，成层剥裂；枝条暗灰色或暗褐色，无毛，具或疏或密的树脂腺体或无；小枝暗灰色或褐色，有时疏被毛和疏生树脂腺体。叶厚纸质，三角状卵形，三角状菱形，三角形叶缘具重锯齿，有时具缺刻状重锯齿或单齿，上面于幼时疏被毛和腺点，成熟后无毛无腺点，叶背无毛，密生腺点，侧脉5~7（~8）对；叶柄细瘦无毛。果序单生，圆柱形或矩圆状圆柱形，通常下垂；序梗细瘦，密被短柔毛；果苞长 5~7 mm，背面密被短柔毛，至成熟时毛渐脱落，边缘具短纤毛。小坚果狭矩圆形、矩圆形或卵形，膜质翅较果长 1/3，较少与之等长，与果等宽或较果稍宽。

分布示意图：

用　途：

红　桦

别　　名： 红皮桦、纸皮桦

科　　属： 桦木科 桦木属

学　　名： *Betula albosinensis* Burkill

分布示意图：

形态特征： 落叶大乔木；树皮色淡红褐或紫红，且具光泽和白粉，薄层状剥落，纸质；小枝色紫红，无毛，或有树脂腺体。卵形叶渐尖，叶缘具不规则的重锯齿，齿尖常角质化，侧脉 10~14 对；叶柄疏被长柔毛或无毛。雄花序圆柱形，无梗；苞鳞紫红色，仅边缘具纤毛。果序圆柱形；果苞中裂片矩圆形，侧裂片为中裂片的 1/3，圆形。小坚果卵形，膜质翅宽及果的 1/2。

用　　途：

坚 桦

科　属： 桦木科 桦木属

学　名： *Betula chinensis* Maxim.

形态特征： 灌木或小乔木；树皮纵裂或不开裂；小枝密被长柔毛。叶厚纸质，多卵形、宽卵形，叶缘具不规则的齿牙状锯齿，叶面幼时密被长柔毛，后渐无毛，叶背绿白色，沿脉被长柔毛，脉腋间疏生髯毛，无或沿脉偶有腺点；侧脉8~9(~10)对；叶柄，密被长柔毛，有时具树脂腺体。果序单生，直立或下垂，常近球形；果苞背面疏被短柔毛，上部具3裂片，裂片通常反折，中裂片披针形至条状披针形，侧裂片卵形至披针形，斜展。小坚果宽倒卵形，疏被短柔毛，具极狭的翅。

分布示意图：

用　途：

水青冈

别　名： 青冈栎、铁稠

科　属： 壳斗科 水青冈属

学　名： *Fagus longipetiolata* Seem.

分布示意图：

形态特征： 落叶乔木，冬芽为二列对生的芽鳞包被，具芽鳞痕，小枝的皮孔狭长圆形或兼有近圆形。叶二列，互生，叶长 9~15 cm，宽 4~6 cm，叶缘波浪状，具短尖齿，侧脉 9~15 对。花单性同株，雄二歧聚伞花序生于总梗顶部，头状，下垂，多花，总梗长 1~10 cm；壳斗 4（3）瓣裂，裂瓣长 20~35 mm，稍增厚的木质；小苞片线状，向上弯钩，位于壳斗顶部的长达 7 mm，下部的较短，与壳壁相同均被灰棕色微柔毛，壳壁的毛较长且密，常有 2 坚果；坚果比壳斗裂瓣稍短或等长，脊棱顶部有狭而略伸延的薄翅。

用　途：

栗

别　名： 板栗、栗子、毛栗、油栗

科　属： 壳斗科 栗属

学　名： *Castanea mollissima* Bl.

形态特征： 小高大乔木，小枝被灰色茸毛。单叶互生，椭圆形或长圆形，长7~15 cm，叶背被星状茸毛或近无毛；叶缘有锐裂齿，羽状侧脉直达齿尖，齿尖常呈芒状；叶柄长 1.2~2 cm，托叶长 1~1.5 cm，被长毛及腺鳞。雄花序长 10~20 cm，花序轴被毛，雄花 3~5 成簇；每总苞具（1~）3~5 雄花；雌花 1~3（~7）朵聚生于一壳斗内，柱头与花柱等粗，细点状。成熟壳斗具长短、疏密不一的锐刺。

分布示意图：

用　途：

岩栎

科　属：壳斗科 栎属

学　名：_Quercus acrodonta_ Seem.

形态特征：常绿乔木，有时灌木状。幼嫩小枝密被灰黄色短星状茸毛。椭圆形、椭圆状披针形或长倒卵形叶片，长2~6 cm，宽1~2.5 cm，叶片中部以上有刺状疏锯齿，叶面深绿有光泽，叶背密被灰黄色星状茸毛，侧脉每边7~11条，不明显；叶柄密被灰黄色茸毛。雄花序花序轴纤细；雌花序生于枝顶叶腋，花序轴被黄色茸毛。壳斗杯形，包着坚果1/2；小苞片椭圆形，覆瓦状排列紧密，除顶端红色无毛外被灰白色茸毛。长椭圆形坚果，直径不足1 cm，顶端被灰黄色茸毛，有宿存花柱；果脐微突起。

分布示意图：

用　途：

麻栎

别　名： 栎、橡碗树

科　属： 壳斗科 栎属

学　名： *Quercus acutissima* Carruth.

形态特征： 高大落叶乔木，树皮深纵裂。老枝具淡黄色皮孔。冬芽圆锥形，被柔毛。叶片形态多样，通常为长椭圆状披针形，叶缘有刺芒状锯齿，叶片两面同色，幼时被柔毛，老时无毛或仅叶背面脉上有柔毛，侧脉 13~18 对。雄花序多数集生于当年生枝下部叶腋，有花 1~3 朵，壳斗杯形，包着坚果约 1/2；小苞片钻形或扁条形，向外反曲，被灰白色茸毛。坚果卵形或椭圆形，顶端圆形，果脐突起。

分布示意图：

用　途：

槲栎

别　　名：青冈树

科　　属：壳斗科 栎属

学　　名：*Quercus aliena* Bl.

形态特征：高大落叶乔木；树皮暗灰色。小枝灰褐色，一年生小枝灰绿色，近无毛，具圆形灰白色皮孔；芽卵形，红褐色。叶片长椭圆状倒卵形至倒卵形，顶端微钝或短渐尖，叶基楔形或圆形，叶缘具波状钝齿，叶背被灰棕色细茸毛，侧脉 10~15 对；叶柄长 1~1.3 cm，无毛。雄花单生或数朵簇生于花序轴；雌花序生于新枝叶腋。壳斗杯形，包着坚果约 1/3。坚果椭圆形，果脐突起。

分布示意图：

用　　途：

蒙古栎

别　名：青杵子、柞树、辽东栎、大果蒙古栎、粗齿蒙古栎

科　属：壳斗科 栎属

学　名：*Quercus mongolica* Fisch. ex Ledeb.

形态特征：落叶乔木；树皮灰褐色，纵裂。幼枝有棱，无毛。顶芽长卵形，微有棱。叶片倒卵形至长倒卵形，叶基窄圆形或耳形，叶缘7~10对钝齿或粗齿，幼时沿脉有毛，后渐脱落，侧脉每边7~11条。雄花序生于新枝下部；花被6~8裂，雄蕊通常8~10枚；雌花序生于新枝上端叶腋，花4~5朵，通常只1~2朵发育，花被6裂，花柱短，柱头3裂。壳斗杯形，包着坚果1/3~1/2，壳斗外壁小苞片三角状卵形，呈半球形瘤状突起，密被灰白色短茸毛，伸出口部边缘呈流苏状。坚果卵形至长卵形，果脐微突起。

分布示意图：

用　途：

栓皮栎

别　　名： 软木栎、粗皮青冈

科　　属： 壳斗科 栎属

学　　名： *Quercus variabilis* Bl.

形态特征： 高大落叶乔木，树皮黑褐色，深纵裂，木栓层发达，极易识别。灰棕色小枝无毛；圆锥形芽，芽鳞褐色，具缘毛。卵状披针形或长椭圆形叶片，叶缘具刺芒状锯齿，叶面深绿色，叶背密被灰白色星状茸毛。雄花序花序轴密被褐色茸毛；雌花序生于新枝上端叶腋，壳斗杯形，包着坚果 2/3；小苞片钻形，反曲，被短毛。坚果近球形或宽卵形，顶端圆，果脐突起。

分布示意图：

用　　途：

大果榆

别　　名: 黄榆、毛榆、山榆、芜荑、山松榆、姑榆

科　　属: 榆科 榆属

学　　名: *Ulmus macrocarpa* Hance

形态特征: 落叶乔木或灌木；小枝有时两侧具对生而扁平的木栓翅，间或上下亦有微凸起的木栓翅。叶宽倒卵形、倒卵状圆形、倒卵状菱形，厚革质，大小变异很大，两面粗糙，叶面密生硬毛或有凸起的毛迹，叶背常有疏毛，脉上较密，脉腋常有簇生毛，侧脉每边 6~16 条，边缘具大而浅钝的重锯齿，或兼有单锯齿。花两性，簇状聚伞花序或散生。翅果宽倒卵状圆形、近圆形或宽椭圆形，两面及边缘有毛，果核部分位于翅果中部。

分布示意图:

用　　途:

榆 树

别　名： 榆、白榆、家榆、钻天榆、钱榆、长叶家榆、黄药家榆

科　属： 榆科 榆属

学　名： *Ulmus pumila* L.

形态特征： 落叶乔木，不良环境中成灌木状；幼树灰褐色或浅灰色树皮且平滑，大树暗灰色树皮粗糙，不规则深纵裂；小枝淡黄灰色或灰色，有散生皮孔；冬芽近球形或卵圆形，具芽鳞。叶形多，椭圆状卵形、长卵形、椭圆状披针形或卵状披针形，叶基部，一侧楔形至圆，另一侧圆至半心脏形；叶表面平滑无毛，叶缘具重锯齿或单锯齿，侧脉每边 9~16 条，早落托叶膜质。先花后叶，簇生于去年生枝的叶腋处。近圆形翅果，嫩时淡黄绿色，熟后黄白色，除顶端缺口柱头面被毛外，余处无毛，果核部分位于翅果的中部。

分布示意图：

用　途：

榔 榆

别　名： 小叶榆、秋榆、掉皮榆

科　属： 榆科 榆属

学　名： *Ulmus parvifolia* Jacq.

形态特征： 落叶乔木，或冬季叶变为黄色或红色宿存至第二年新叶开放后脱落；树皮灰色或灰褐，裂成不规则鳞状薄片剥落，露出红褐色内皮，近平滑，微凹凸不平；当年生枝密被短柔毛，深褐色。叶质地厚，披针状卵形或窄椭圆形，稀卵形或倒卵形，中脉两侧长宽不等，叶面深绿色，有光泽，除中脉凹陷处有疏柔毛外，叶背色较浅，叶缘从基部至先端有钝而整齐的单锯齿，稀重锯齿（如萌发枝的叶），侧脉每边 10~15 条。花秋季开放，3~6 数在叶腋簇生或排成簇状聚伞花序。翅果椭圆形或卵状椭圆形，除顶端缺口柱头面被毛外，余处无毛，果翅稍厚，果梗有疏生短毛。花果期 8~10 月。

分布示意图：

用　途：

青 檀

别　名： 檀、檀树、翼朴

科　属： 榆科 青檀属

学　名： *Pteroceltis tatarinowii* Maxim.

形态特征： 高大乔木；灰色或深灰色树皮，不规则长片状剥落；小枝黄绿色，干时变栗褐色，椭圆形或近圆形皮孔明显；冬芽卵形。纸质叶宽卵形至长卵形，叶基不对称，楔形、圆形或截形，叶缘有不整齐的锯齿，基部 3 出脉，侧脉 4~6 对，叶面绿，幼时被短硬毛，后脱落，常残留有圆点；叶背淡绿光滑，仅脉上有短柔毛，脉腋有簇毛；叶柄被短柔毛。翅果状坚果近圆形或近四方形，黄绿色或黄褐色，翅宽，稍带木质，有放射线条纹，下端截形或浅心形，顶端有凹缺，果实常有不规则的皱纹，有时具耳状附属物；果梗纤细被短柔毛。

分布示意图：

用　途：

榉 树

别　名：光叶榉、鸡油树、光光榆、马柳光树

科　属：榆科 榉属

学　名：*Zelkova serrata*（Thunb.）Makino

形态特征：高大乔木；树皮呈不规则的片状剥落；冬芽圆锥状卵形或椭圆状球形。单叶互生，薄纸质至厚纸质，大小形状变异很大，卵形、椭圆形或卵状披针形，幼时疏生糙毛，后脱落，叶背幼时被短柔毛，后脱落或仅沿主脉两侧残留有稀疏的柔毛，叶缘有圆齿状锯齿，具短尖头，侧脉（5~）7~14 对；叶柄粗短，被短柔毛；托叶膜质，紫褐色，披针形。雄花具极短的梗，外面被细毛；雌花近无梗，花被片 4~5（~6），外面被细毛，子房被细毛。核果斜卵状圆锥形，具背腹脊，网肋明显，表面被柔毛，具宿存的花被。

分布示意图：

用　途：

【 47 】

大叶朴

别　名： 大叶白麻子、白麻子

科　属： 榆科 朴属

学　名： *Celtis koraiensis* Nakai

形态特征： 落叶乔木树冠广圆；树皮灰色或暗灰色，浅微裂；小枝散生小而微凸、椭圆形的皮孔；深褐色冬芽。叶大长 7~12 cm，椭圆形至倒卵状椭圆形，叶先端平截具尾状长尖，边缘具粗锯齿，叶两面无毛，或仅叶背疏生短柔毛或在叶脉上有毛；萌发枝上的叶较大，且具多数较硬的毛。核果近球形至球状椭圆形，单生榆叶腋处，直径约 12 mm，成熟时橙黄色至深褐色；灰褐色核球状椭圆形，有四条纵肋，表面具明显网孔状凹陷。

分布示意图：

用　途：

朴 树

别　名： 黄果朴、紫荆朴、小叶朴

科　属： 榆科 朴属

学　名： *Celtis sinensis* Pers.

形态特点： 乔木，树皮灰白色；当年生小枝幼时密被黄褐色短柔毛，去年生小枝褐色至深褐色；冬芽棕色。叶纸质至近革质，通常卵形或卵状椭圆形，叶基几不偏斜，叶尖端渐尖，边缘变异较大，近全缘至具钝齿；老叶叶面光滑，叶背叶脉明显，中脉突出。果多单生于叶腋；果成熟时黄色至橙黄色，近球形；核近球形，直径不足 8 mm。

分布示意图：

用　途：

【 49 】

黑弹树

别　名： 小叶朴、黑弹朴

科　属： 榆科 朴属

学　名： *Celtis bungeana* Bl.

形态特征： 落叶乔木，树皮灰色或暗灰色；当年生小枝淡棕色，无毛，散生椭圆形皮孔；去年生小枝灰褐色；冬芽棕色或暗棕色。厚纸质叶，叶形多样，狭卵形、长圆形、卵状椭圆形至卵形，叶缘中部以上具稀疏不规则浅齿，有时一侧近全缘，无毛；叶柄淡黄色，上面有沟槽。近球形核果单生叶腋，果柄细软无毛，果熟后深蓝黑色；核近球形，肋不明显。

分布示意图：

用　途：

桑

别　名： 家桑、桑树

科　属： 桑科 桑属

学　名： *Morus alba* Linn.

形态特征： 乔木或为灌木，灰色树皮厚，具不规则浅纵裂；红褐色冬芽卵形，灰褐色芽鳞覆瓦状排列有细毛；小枝有细毛。卵形或广卵形叶，有时叶为各种分裂，叶缘锯齿粗钝，叶表面鲜绿色，无毛；叶背淡绿，沿脉有疏毛，脉腋有簇毛；叶柄具柔毛；披针形托叶早落，外面密被细硬毛。单性花腋生，与叶同时生出；雄花序下垂，密被白色柔毛，雄花淡绿色；雌花序被柔毛，雌花无梗。聚花果，成熟时红色或暗紫色。

分布示意图：

用　途：

构

别　名: 毛桃、谷树、褚桃、褚、谷桑

科　属: 桑科 构属

学　名: *Broussonetia papyrifera*（Linn.）L'Hér. ex Vent.

形态特征: 高大乔木或灌木状；树皮暗灰色；小枝密生粗毛。叶螺旋状排列，广卵形至长椭状卵形，先端尖，基不对称，边缘具粗锯齿，叶形变化大，从不分裂至5裂，叶面粗糙疏生糙毛，叶背密被茸毛，基生叶脉三出；叶柄密被糙毛；卵形托叶大。雌雄异株；雄花葇黄花序，花被、雄蕊4裂；雌花序球形头状，花被管。肉质聚花果橙红色；瘦果表面有小瘤。

分布示意图:

用　途:

无花果

别　名： 阿驵、红心果

科　属： 桑科 榕属

学　名： *Ficus carica* Linn.

形态特征： 落叶灌木，多分枝，具乳汁；树皮灰褐色，具皮孔，环状托叶痕明显。小枝粗，无毛，嫩枝绿色。厚纸质叶互生，掌状 3~5 裂，具不规则钝齿；叶面粗糙，叶背密被钟乳体及灰色柔毛；基生脉 3~5，于叶背隆起；叶柄粗；红色托叶卵状披针形，早落。雌雄异株，雄花和瘿花同生于一榕果内壁，雄花集生孔口，花被片 4~5；瘿花花柱短，侧生。梨形榕果单生于叶腋处，顶部凹下，熟时紫红或黄色；瘦果透镜状。

分布示意图：

用　途：

异叶榕

别　名：异叶天仙果

科　属：桑科 榕属

学　名：*Ficus heteromorpha* Hemsl.

形态特征：落叶小乔木或灌木；树皮灰
褐色，具皮孔；新红褐色，节短；环状托
叶痕明显。叶形多样，以琴形叶易辨识，
亦有椭圆形、椭圆状披针形，叶面略粗糙，
叶背面有细小钟乳体；全缘或微波状；红
色网状脉，叶背中脉隆起；叶柄红色；早
落托叶披针形。紫黑色榕果成对生于短枝
叶腋，球形或圆锥状球形，光滑；顶生苞
片脐状，基生苞片 3 枚；
雄花散生内壁，匙形花
被片 4~5；瘿花花被片
5~6；雌花花被片 4~5。
瘦果光滑。

分布示意图：

用　途：

珍珠莲

别　名： 岩石榴、冰粉树、凉粉树

科　属： 桑科 榕属

学　名： *Ficus sarmentosa Buch.-Ham. ex J. E. Sm. var. henryi*（King ex Oliv.）*Corner*

形态特征： 落叶灌木或小乔木；树皮灰褐色，小枝无毛具棱有棘刺。叶卵形或菱状卵形，偶为三裂，叶表深绿色，叶背绿白色；侧脉 4~6 对，主脉叶背凸出。雌雄异株，雌雄花序均为球形头状花序，雌花序约为雄花序的 2~3 倍，单生或成对腋生；雄花具苞片 2 枚，肉质花被片 4，内面有黄色腺体 2 个；雌花花被片与雄花同数，内面下部也有 2 黄色腺体。橘红色肉质聚花果，近球形，直径约 2.5 cm，美观易辨别。

分布示意图：

用　途：

柘

别　名： 柘树、棉柘、黄桑、灰桑、如柘

科　属： 桑科 柘属

学　名： *Cudrania tricuspidata*（Carr.）Bur. ex Lavallee

形态特征： 落叶灌木或小乔木；小枝无毛略具棱，有棘刺；冬芽赤褐色。叶卵形或菱状卵形，偶为三裂，叶面深绿色，叶背绿白色，侧脉 4~6 对；叶柄被微柔毛。雌雄异株，雌雄花序均为球形头状花序，单生或成对腋；雄花有苞片 2 枚，花被片 4，肉质，先端肥厚，内卷，内面有黄色腺体 2 个，雄蕊 4，与花被片对生，退化雌蕊锥形；雌花序花被片与雄花同数，花被片先端盾形，内卷，内面下部有 2 黄色腺体，子房埋于花被片下部。聚花果近球形，肉质，成熟时橘红色。

分布示意图：

用　途：

水 麻

别　名: 柳莓、水麻桑、水麻叶、沙连泡、赤麻、水冬瓜、比满

科　属: 荨麻科 水麻属

学　名: *Debregeasia orientalis* C. J. Chen

形态特征: 灌木, 小枝幼时被白色短柔毛, 后渐无毛。叶互生, 纸质或薄纸质, 长圆状狭披针形或条状披针形, 叶缘有不等的细锯齿或细牙齿, 叶面具泡状隆起, 疏生短糙毛, 钟乳体点状, 叶背被白色或灰绿色毡毛, 基出脉 3 条, 网脉叶背突起; 托叶披针形, 背面纵肋上疏生短柔毛。花序雌雄异株, 稀同株, 生于老枝的叶腋, 2 回二歧分枝或二叉分枝, 分枝顶端生球状团伞花簇, 雄花花被片 4, 下部合生; 雌花柱头画笔头状。瘦果小浆果状, 倒卵形, 鲜时橙黄色, 花被肉质宿存。

分布示意图:

用　途:

【 57 】

米面蓊

别　名： 羽毛球树、凤凰草、尿尿皮、柴骨皮

科　属： 檀香科 米面蓊属

学　名： *Buckleya lanceoiata*（Sieb.et Zucc.）Miq.

形态特征： 落叶灌木。茎直立多分枝，幼枝具棱或有条纹。薄膜质叶近无柄；阔卵形或披针形；全缘；顶叶尖尾状渐尖，基生枝上的叶尖常具红色鳞片；羽状脉中脉稍隆起，侧脉不明显。花单性，雌雄异株；雄花序顶生和腋生；卵形雄花浅黄棕色，雄蕊4枚，内藏；雌花单一，顶生或腋生；花被漏斗形，花柱黄色。核果椭圆状或倒圆锥状，宿存苞片叶状，披针形或倒披针形。

分布示意图：

用　途：

领春木

别　名：正心木、水桃

科　属：领春木科 领春木属

学　名：_Euptelea pleiospermum_ Hook. f. et Thoms.

形态特征：落叶灌木或小乔木，树皮紫黑色或棕灰色；枝分长枝和短枝，具散生椭圆形皮孔，基部具多个叠生环状芽鳞片痕；小枝无毛，紫黑色或灰色；深褐色芽卵形侧生。卵形或近圆形纸质叶互生，叶色浅绿，先端渐尖，有1突生尾尖，叶基楔形或宽楔形，叶缘疏生顶端加厚的锯齿，下部或近基部全缘，多无毛，仅叶脉及叶背脉腋具丛毛；叶柄长2~5 cm。花丛生；雄蕊6~14，花药红色，比花丝长；子房歪形；棕色翅果；黑色卵形种子1~3个。

分布示意图：

用　途：

连香树

科　属： 连香树科 连香树属

学　名： *Cercidiphyllum japonicum* Sieb.
et Zucc.

形态特征： 落叶大乔木；枝有长短之分，短枝在长枝上对生，短枝有重叠环状芽鳞片痕。叶纸质，短枝上的近圆形、宽卵形或心形，长枝上的椭圆形或三角形，叶缘有圆钝锯齿，先端具腺体，两面无毛，叶背灰绿色带粉霜，掌状脉 7。花单性，雌雄异株，先叶开放；雄花常 4 朵丛生，雄蕊 8~13，花丝细，花药条形，红色；雌花 2~6（~8）朵，丛生；花柱紫红色。蓇葖果 2~4 个，荚果状，微弯曲，具宿存花柱；种子数个，扁平四角形，先端有透明翅。

分布示意图：

用　途：

牡 丹

别　名：鼠姑、鹿韭、白茸、木芍药、
百雨金、洛阳花、富贵花

科　属：毛茛科 芍药属

学　名：_Paeonia suffruticosa_ Andr.

形态特征：落叶灌木；分枝短而粗。根
圆柱形或具纺锤形的块根。多二回三出复
叶，叶表面无毛绿色；叶背面淡绿色，有
时具白粉；叶柄及叶轴均无毛。花大型，
单生于枝顶；苞片5；绿色萼片5；花色多，
变异大；花瓣5或为重瓣；雄蕊多数，花
丝紫红色、粉红色；杯状花盘革质紫红色。
蓇葖长圆形，密生黄色硬毛；种子黑松光滑无毛。

分布示意图：

用　途：

大叶铁线莲

别　名：气死大夫、草本女萎、草牡丹、木通花、太叶铁线莲、卷萼铁线莲

科　属：毛茛科 铁线莲属

学　名： *Clematis heracleifolia* DC.

形态特征：直立草本或半灌木。主根粗大木质化，表面棕黄色。粗壮茎上具明显的纵条纹，密生白色糙茸毛。叶对生，三出复叶；小叶片亚革质或厚纸质，卵圆形，宽卵圆形至近于圆形，叶缘有不整齐的粗锯齿，齿尖有短尖头；叶表面暗绿色，平坦近于无毛，下叶背有曲柔毛，叶脉显著隆起；叶柄被毛粗壮。聚伞花序顶生或腋生，花梗粗壮，有淡白色的糙茸毛，每花下有一枚线状披针形的苞片；花杂性，雄花与两性花异株；蓝紫色萼片4枚，基部成管状，下部常反卷；线形花药与花丝等长；心皮被白色绢状毛。红棕色瘦果卵圆形，两面凸起。

分布示意图：

用　途：

华中铁线莲

科　属： 毛茛科 铁线莲属

学　名： *Clematis pseudootophora*
M. Y. Fang

形态特征： 近木质藤本；枝细，无毛。叶对生，三出复叶；小叶纸质，长圆状披针形或窄卵形，叶缘疏生齿或全缘；叶柄长 4~7.8 cm。花序腋生，1~3 朵，无毛；苞片披针形；花梗无毛；萼片 4，淡黄色，直立，卵状长圆形；花丝密被柔毛，花药线形，背面被毛，顶端具尖头，瘦果窄倒卵圆形，被毛；羽毛状花柱宿存。

分布示意图：

用　途：

三叶木通

别　名： 八月瓜藤、三叶拿藤、活血藤、甜果木通、八月楂、拿藤、爆肚拿、八月瓜、八月柞

科　属： 木通科 木通属

学　名： *Akebia trifoliate*（Thunb.）Koidz.

形态特征： 落叶木质藤本。茎缠绕，茎皮灰褐色，有稀疏的皮孔及小疣点。掌状复叶互生或在短枝上的簇生；小叶 3 片，纸质或薄革质，卵形至阔卵形，先端通常钝或略凹入，具小凸尖，叶缘具波状齿或浅裂，叶表面深绿色，叶背浅绿色；叶脉同在两面略凸起。总状花序自短枝上簇生叶中抽出，下部雌花 1~2 朵，上部雄花 15~30 朵，总花梗纤细。雄花具 3 淡紫色萼片，花梗丝状，雄蕊 6。雌花具 3 近圆形紫褐色萼片，开花时广展反折；橙黄色柱头头状，具乳凸。长圆形果，成熟时灰白略带淡紫色；种子极多数，种皮红褐色或黑褐色，稍有光泽。

分布示意图：

用　途：

【 64 】

木 通

别　名： 山通草、野木瓜、通草、附支、丁翁、附通子、丁年藤、万年藤、山黄瓜、野香蕉、五拿绳、羊开口、野木瓜、八月炸藤、活血藤、海风藤

科　属： 木通科 木通属

学　名： *Akebia quinata*（Houtt.）Decne.

形态特征： 落叶木质藤本。茎缠绕，圆柱形纤细，茎皮灰褐色，具小而凸起的皮孔。掌状复叶互生或在短枝上的簇生，通常有小叶 5 片，亦有 3~4 片或 6~7 片；小叶纸质，倒卵形或倒卵状椭圆形，叶表面深绿色，叶背青白色；中脉在上面凹入，下面凸起；小叶柄纤细，中间 1 枚最长。伞房花序式的总状花序腋生，花少稀疏略芳香，基部有雌花 1~2 朵，以上 4~10 朵为雄花。雄花具淡紫色、淡绿或白色萼片，通常 3 有时 4 片或 5 片。雌花花梗细长，萼片暗紫色，偶有绿色或白色。长圆形或椭圆形果孪生或单生，成熟时紫色，腹缝开裂；种子多数，种皮褐色或黑色，有光泽。

分布示意图：

用　途：

南天竹

别　名： 蓝田竹、红天竺

科　属： 小檗科 南天竹属

学　名： *Nandina domestica* Thunb.

形态特征： 常绿小灌木；茎常丛生分枝少，光滑无毛，幼枝常为红色，老后呈灰色。多回羽状复叶互生，叶轴具关节；小叶薄革质，椭圆形或椭圆状披针形，全缘，叶表面深绿色，冬季变红色；叶脉羽状于叶背隆起。花小色白具香味，圆锥花序直立；萼片多轮，向内各轮渐大；花瓣长圆形；雄蕊6，花丝短，花药纵裂。鲜红或橙红色浆果球形，具果柄。种子扁圆形。

分布示意图：

用　途：

日本小檗

科　属： 小檗科 小檗属

学　名： *Berberis thunbergii* DC.

形态特征： 落叶灌木，多分枝，茎带刺。枝具细条棱，幼枝淡红带绿，老枝暗红色。薄纸质叶，倒卵形、匙形或菱状卵形，叶基狭而呈楔形，全缘无毛，叶面绿色，叶背灰绿色，中脉微隆起。黄色小花 2~5 朵组成伞形花序，或呈簇生状；红色小苞片卵状披针形；具内外两轮萼片，内侧较大，均为黄中带红；花瓣 6，内侧近基部具 2 枚腺体；雄蕊与花瓣同数对生；花柱短，柱头头状。鲜红色浆果椭圆形。种子 1~2 枚，棕褐色。

分布示意图：

用　途：

紫叶小檗

别　　名： 紫叶女贞、紫叶日本小檗、红叶小檗

科　　属： 小檗科 小檗属

学　　名： *Berberis thunbergii* 'Atropurpurea'

形态特征： 落叶灌木。幼枝淡红中带绿，老枝暗红色具条棱。紫红色叶菱状卵形，因此得名。黄色花 2~5 朵成近簇生的伞形花序，或簇生状；小苞片带红色，急尖；外轮萼片卵形，内轮萼片稍大于外轮萼片；花瓣长圆状倒卵形，先端微缺，基部以上腺体靠近；雄蕊长 3~3.5 mm，花药先端截形。浆果红色，椭圆体形，长约 10 mm，稍具光泽，含种子 1~2 颗。

分布示意图：

用　　途：

十大功劳

别　名：细叶十大功劳

科　属：小檗科 十大功劳属

学　名：*Mahonia fortunei*（Lindl.）Fedde

形态特征：常绿灌木；奇数羽状复叶互生，具 2~5 对小叶，叶倒卵形至倒卵状披针形，叶表暗绿至深绿色，叶背淡黄色；叶脉在叶表面不显于叶背隆起；小叶无柄或近无柄，叶基楔形，叶缘具刺齿。总状花序簇生；花黄色；具三轮萼片 9 枚，外萼片短为卵形或三角状卵形，中萼片长圆状椭圆形，内萼片最长为长圆状椭圆形；花瓣长圆形 2 轮 6 枚，先端微缺裂；雄蕊 6 枚，药隔瓣裂，顶端平截；无花柱。紫黑色浆果球形，被白粉。

分布示意图：

用　途：

【 69 】

木防己

别　名： 土木香、青藤香

科　属： 防己科 防己属

学　名： *Cocculus orbiculatus*（L.）DC.

形态特征： 木质藤本；小枝具条纹。叶片纸质至近革质，叶形状变异极大，叶两面被密柔毛至疏柔毛，有时叶背中脉外两面近无毛；掌状脉3条，很少5条；叶柄被稍密的白色柔毛。聚伞花序或聚伞圆锥花序，腋生或顶生，被柔毛；雄花：小苞片2或1，紧贴花萼且被柔毛；萼片6，排成两轮，外轮较小，内轮较大而凹外；花瓣6，基部二侧内折呈小耳状，下部边缘内折抱着花丝，顶端2裂，裂片叉开；雄蕊6短于花瓣；雌花：萼片和花瓣与雄花相同；退化雄蕊6；花柱柱状，柱头外弯伸展。红色至紫红色核果近球形；果核骨质，背部有小横肋状雕纹。种子马蹄形。

分布示意图：

用　途：

蝙蝠葛

别　名：北豆根

科　属：防己科 蝙蝠葛属

学　名：*Menispermum dauricum* DC.

形态特征：草质落叶藤本，具褐色根状茎，一年生茎纤细无毛具条纹。纸质或近膜质叶盾状，心状扁圆形，两面无毛，叶背有白粉；具掌状脉 9~12 条，且于叶背凸起；叶柄有条纹。圆锥花序单生或有时双生，有细长的总梗，花朵多数，花梗纤细；雄花：绿黄色膜质萼片 4~8，近螺旋状着生，自外至内渐大；肉质花瓣 6~8 或多至 9~12 片，凹成兜状，有短爪；雄蕊通常 12，棒状；雌花：退化雄蕊 6~12，雌蕊群 具 长 0.5~1 mm 的柄，花柱短。紫黑色核果；基部弯缺深。

分布示意图：

用　途：

鹅掌楸

别　名： 马褂木

科　属： 木兰科 鹅掌楸属

学　名： *Liriodendron chinense*（Hemsl.）
Sarg.

分布示意图：

形态特征： 高大落叶乔木，树皮灰白色，
纵裂小块状脱落；小枝灰色或灰褐色具分
隔的髓心。叶马褂状，叶基每边具 1 侧裂片，
叶先端具 2 浅裂，叶背苍白色。花无香气；
枝端顶生；杯状；异花授粉，花被片 9，
分三轮，外轮绿色 3 片，萼片状；内两轮
绿色 6 片、花瓣状且具黄色纵条纹；开放

用　途：

时雌蕊群超出花被之上，心皮黄绿色。聚合果纺锤状，小坚果具翅；种子 1~2 颗，
具薄而干燥的种皮。

南五味子

科　属：木兰科 南五味子属

学　名：*Kadsura longipedunculata* Finet et Gagnep.

形态特征：木质藤本，植株无毛。单叶互生，叶长圆状披针形、倒卵状披针形或卵状长圆形，叶缘具疏齿，叶面具淡褐色透明腺点，叶柄细长，无托叶。花单性，单生于叶腋，雌雄异株；雄花：花被片 8~17，白色或淡黄色，覆瓦状排成数轮，中轮常最大；雄蕊群球形，雄蕊 30~70 枚，花丝极短。雌花：花被片与雄花相似，雌蕊群椭圆体形或球形，具雌蕊 40~60 枚；花柱具盾状心形的柱头冠。花梗长 3~13 cm。小浆果肉质，聚合果球形，外果皮薄革质，干时显出种子。种子肾形或肾状椭圆体形。

分布示意图：

用　途：

华中五味子

别　名： 南五味子

科　属： 木兰科 五味子属

学　名： *Schisandra sphenanthera* Rehd.et Wils.

形态特征： 落叶木质藤本，全株无毛。小枝红褐色，具颇密而凸起的皮孔。纸质叶倒卵形至圆形，干膜质叶缘至叶柄成狭翅，叶面深绿色，叶背淡灰绿色，有白色点，一半或以上叶缘具胼胝质齿尖的波状齿，叶面中脉稍凹入；叶柄红色。花生于叶腋，花梗纤细，橙黄色花被片 5~9，具缘毛，叶背有腺点。雄花：花托伸长，圆柱形；雄蕊 11~19（23）；雌花：雌蕊群卵球形，柱头冠狭窄，顶端分开，下延成不规则的附属体。聚合小浆果，成熟时红色，具短柄；种子长圆体形或肾形，种脐斜"V"字形；种皮褐色光滑，或仅背面微皱。

分布示意图：

用　途：

厚 朴

别　名： 凹叶厚朴

科　属： 木兰科 木兰属

学　名： *Majnolia officinalis* Rehd. et Wils.

形态特征： 落叶乔木；褐色树皮厚而不
开裂；淡黄色或灰黄色小枝粗壮，幼时有
绢毛，狭卵状圆锥形顶芽大，无毛。近革
质叶大，聚生于枝端，长圆状倒卵形叶，
全缘且微波状，叶面绿色无毛；叶背灰绿
色，被灰色柔毛且有白粉；叶柄粗壮，托
叶痕长为叶柄的 2/3。白色花，芳香；花
蕾具 1 个佛焰苞状苞片；花梗粗短，被长
柔毛，花梗上留有 1 环纹；花
被片 9~12（17），厚肉质，
外轮 3 片淡绿色，盛开时常向
外反卷，内两轮白色，盛开时
直立；雄蕊约 72 枚，花丝红
色；雌蕊群椭圆状卵圆形。聚
合果长圆状卵圆形，蓇葖具长
3~4 mm 的喙；种子三角状倒
卵形。

分布示意图：

用　途：

玉 兰

别　名： 木兰、玉堂春、迎春花、望春花、白玉兰、应春花

科　属： 木兰科 木兰属

学　名： *Magnolia denudata* Desr.

形态特征： 落叶乔木，树冠宽阔；深灰色树皮粗糙开裂；冬芽及花梗密被淡灰黄色长绢毛。纸质叶倒卵形、宽倒卵形或倒卵状椭圆形，叶表深绿色，叶背淡绿色，沿脉上被柔毛；网脉明显；叶柄被柔毛，具狭纵沟；托叶痕为叶柄长的 1/4~1/3。花先叶开放，芳香；花梗膨大且密被淡黄色长绢毛；花被片近相似，9 枚，白色，基部常带粉红色；圆柱形雌蕊群淡绿色。聚合果圆柱形；褐色蓇葖厚木质，具白色皮孔；种子心形。

分布示意图：

用　途：

荷花玉兰

别　名：洋玉兰、广玉兰

科　属：木兰科 木兰属

学　名：*Magnolia grandiflora* Linn.

形态特征：常绿乔木；树皮淡褐色或灰色，薄鳞片状开裂；小枝粗壮，具横隔的髓心；小枝、芽、叶背、叶柄均密被褐色或灰褐色短茸毛。叶厚革质，椭圆形或倒卵状椭圆形，叶面深绿色，有光泽；侧脉 16~20 条；托叶不连生于叶柄，叶柄上无托叶痕而具深沟。花多大白色，有芳香；花被片 9~12，厚肉质，形态相似为倒卵形；紫色花丝扁平；雌蕊群椭圆体形，密被长茸毛；花柱呈卷曲状。聚合果圆柱状长圆形或卵圆形，密被褐色或淡灰黄色茸毛；蓇葖背裂；种子近卵圆形或卵形，外种皮红色。

分布示意图：

用　途：

【 77 】

望春玉兰

别　名： 辛夷

科　属： 木兰科 木兰属

学　名： *Magnolia biondii* Pampan.

形态特征： 高大落叶乔木；树皮光滑淡灰色；小枝灰绿色细长无毛；顶芽卵圆形或宽卵圆形，密被淡黄色展开长柔毛。叶椭圆状披针形、卵状披针形，狭倒卵或卵形，叶基阔楔形或圆钝，叶缘干膜质，下延至叶柄，叶面暗绿色，叶背浅绿色；侧脉每边 10~15 条；叶柄具托叶痕，为叶柄长的 1/5~1/3。花先叶开放，大而芳香；花梗顶端膨大，具 3 苞片脱落痕；花被 9，外轮 3 片紫红色，中内大部白色基部紫红色，内轮的较狭小；雄蕊多数，花丝紫色；雌蕊群长 1.5~2 cm。聚合果圆柱形，扭曲；果梗残留长绢毛；蓇葖浅褐色，具凸起瘤点；种子心形，外种皮鲜红色，内种皮深黑色。

分布示意图：

用　途：

紫玉兰

别　名： 木笔、辛夷

科　属： 木兰科 玉兰属

学　名： *Magnolia liliflora* Desr.

形态特征： 落叶灌木，常丛生；灰褐色树皮，小枝绿紫色或淡褐紫色。椭圆状倒卵形或倒卵形叶，叶基渐狭至托叶痕，叶面深绿色，幼嫩时生短柔毛，叶背灰绿色，沿脉有短柔毛；托叶痕约为叶柄长之半。卵圆形花蕾被淡黄色绢毛；花叶同时开放，较淡香气；花被片 9~12 三轮，外轮 3 片紫绿色萼片状，常早落；内两轮肉质花瓣状，外面紫色或紫红色；雄蕊紫红色；雌蕊群淡紫色。圆柱形聚合果深紫褐色；成熟蓇葖近圆球形。

分布示意图：

用　途：

含笑花

别　名： 香蕉花、含笑

科　属： 木兰科 含笑属

学　名： *Michelia figo*（Lour.）Spreng.

形态特征： 常绿灌木，灰褐色树皮，分枝多；芽、嫩枝、叶柄、花梗均密被黄褐色茸毛。革质叶狭椭圆形或倒卵状椭圆形，叶面无毛且具光泽，叶背中脉上留有褐色平伏毛，叶柄较短，托叶痕长达叶柄顶端。淡黄色花直立，具甜浓的芳香；肉质花被片6枚，两轮排列；雌蕊群无毛，比雄蕊群长；雌蕊群柄被淡黄色茸毛。聚合果；蓇葖卵圆形或球形，顶端有短尖的喙。

分布示意图：

用　途：

阔瓣含笑

别　名：广东香子、云山白兰花、阔瓣白兰花

科　属：木兰科 含笑属

学　名：*Michelia platypetala* Hand.-Mazz.

形态特征：常绿乔木。嫩枝、芽、嫩叶均被红褐色绢毛。薄革质叶长圆形、椭圆状长圆形，叶背被灰白色或杂有红褐色平伏微柔毛；叶柄无托叶痕，被红褐色平伏毛。花梗具 2 苞片脱落痕，被平伏毛。花两性，白色花被片 9，分三轮排列，白色，外轮倒卵状椭圆形或椭圆形，中轮稍狭，内轮狭卵状披针形；雄蕊药室内向开裂；雌蕊群圆柱形，被灰色及金黄色微柔毛，具雌蕊群柄。聚合果，蓇葖无柄，有灰白色皮孔，常背腹两面全部开裂；种子淡红色。

分布示意图：

用　途：

蜡 梅

别　名： 蜡木、素心蜡梅、荷花蜡梅、麻木柴、瓦乌柴、梅花、石凉茶、黄金茶、黄梅花、磬口蜡梅、腊梅、狗蝇梅、狗矢蜡梅、大叶蜡梅

科　属： 蜡梅科 蜡梅属

学　名： *Chimonanthus praecox*（L.）Link

形态特征： 落叶直立灌木；灰褐色小枝四方形至近圆柱形具皮孔；鳞芽着生于叶腋，芽鳞片外面被短柔毛。纸质至近革质叶卵圆形至长圆状披针形，叶面粗糙，羽状脉，仅叶背脉上被疏微毛外。花腋生且芳香，先叶开放；花被片黄色或黄白色，无毛，内部比外部短；雄蕊花丝比花药长或等长；心皮基部被疏硬毛，花柱长达子房3倍，基部被毛。坛状果托近木质。

分布示意图：

用　途：

樟

别　　名： 猴樟、香樟、香树、楠木、猴
挟木、樟树、大胡椒树

科　　属： 樟科 樟属

学　　名： *Cinnamomum camphora*（L.）presl

形态特征： 常绿大乔木；枝、叶及木材
均有樟脑气味；树皮黄褐色，纵裂。单叶
互生，卵状椭圆形，全缘，常具离基三出
脉，中脉两面明显，侧脉于叶面明显隆起
叶背具明显腺窝，窝内常被柔毛；叶柄纤
细，腹凹背凸，无毛。圆锥花序腋生。花
绿白或带黄色。花被外面无毛或被微柔毛，
内面密被短柔毛，花被
筒倒锥形，花被裂片椭
圆形。能育雄蕊 9，退
化雄蕊 3，箭头形。子
房球形。果卵球形或近
球形，直径 6~8 mm，
紫黑色；果托杯状，顶
端截平，具纵向沟纹。

分布示意图：

用　　途：

山胡椒

别　名： 牛筋树、雷公子、假死柴、野胡椒、香叶子、油金条

科　属： 樟科 山胡椒属

学　名： *Lindera glauca*（Sieb. et Zucc.）Bl.

形态特征： 落叶灌木或小乔木；树皮色灰白且平滑，灰色或灰白色。冬芽为混合芽长角锥形，芽鳞裸露处红色；嫩枝白黄色，后无毛。叶互生，宽椭圆形，叶面深绿色，叶背淡绿色且白色柔毛，叶纸质，揉碎有香气，侧脉（4~）5~6 条；叶枯而不落，次年发新叶落下。伞形花序腋生，具短或不明显总梗，总苞片绿色膜质，内包 3~8 朵花。雄花花被黄色，内、外轮约等长，花梗密被白色柔毛。雌花花被片亦黄色，椭圆或倒卵形，花柱具盘状柱头。果绿色，果梗长 1~1.5 cm。

分布示意图：

用　途：

三桠乌药

别　名: 红叶甘檀、甘橿、香丽木、猴楸树、三键风、三角枫、山姜、假崂山棍、橿军、绿绿柴、大山胡椒

科　属: 樟科 山胡椒属

学　名: *Lindera obtusiloba* Bl. Mus. Bot.

形态特征: 落叶乔木或灌木；黑棕色树皮。小枝黄绿色，一年枝条平滑具纵纹，老枝具木栓质皮孔、褐斑，树皮纵裂。叶互生，常具明显三裂，基部近圆形，叶表面深绿叶背苍白绿色；常为三出脉，稀五出脉，网脉明显。花序在腋生混合芽，混合芽椭圆形，具2片革质芽鳞，棕黄色，无毛；花芽内包无总梗花序5~6；总苞片膜质，内有花5朵。雄花雄蕊三轮，第三轮基部着生2个长柄角突腺体。雌花花被片6；花柱短，花未开放时沿子房向下弯曲。果椭圆形，初熟时色红，后变紫黑，干时黑褐。

分布示意图:

用　途:

【 85 】

天目木姜子

科　属： 樟科 木姜子属

学　名： *Litsea auriculata* Chien et Cheng

形态特征： 濒危落叶乔木；树皮灰色，小鳞片状剥落，露出深褐色内皮。小枝为光滑紫褐色。叶互生，为较大椭圆形，有时为心形或倒卵形，叶基耳形，叶为具光泽深绿色，中脉下陷；叶背稍白，具短柔毛，叶纸质，侧脉 7~8 条。伞形花序无总梗，先叶开花或同时开放；苞片 8，花被黄色长圆形 6 或 8。果卵形，成熟时黑色，具果梗；果托杯状。

分布示意图：

用　途：

光萼溲疏

别　　名： 崂山溲疏、千层毛、无毛溲疏

科　　属： 虎耳草科 溲疏属

学　　名： *Deutzia glabrata* Kom.

形态特征： 灌木；老枝灰褐色，树皮片状脱落；花枝红褐色，无毛。叶纸质，卵形、椭圆状卵形，叶缘具细锯齿，叶表面被星状毛；侧脉 3~4 条。伞房花序直径 3~8 cm，多花。蒴果球形，直径 4~5 mm。花期 6~7 月，果期 8~9 月。

分布示意图：

用　　途：

小花溲疏

别　名： 唐溲疏

科　属： 虎耳草科 溲疏属

学　名： *Deutzia parviflora* Bge.

形态特征： 灌木；老枝表皮片状脱落。叶纸质，卵形、椭圆状卵形或卵状披针形，叶缘具细锯齿，叶面疏被 5（~6）星状毛，叶背被 6~12 辐线星状毛；叶柄疏被星状毛。伞房花序；花蕾球形或倒卵形；花冠白色；萼筒杯状，密被星状毛，裂片三角形；花瓣阔倒卵形或近圆形，两面均被毛；雄蕊 10，两轮，花药球形，具柄；花柱 3，较雄蕊稍短。蒴果球形。

分布示意图：

用　途：

大花溲疏

别　名：华北溲疏

科　属：虎耳草科 溲疏属

学　名：_Deutzia grandiflora_ Bge.

形态特征：落叶灌木；老枝紫褐色或灰褐色，表皮片状脱落；花枝黄褐色，被具中央长辐线星状毛。叶对生，纸质，卵状菱形或椭圆状卵形，边缘具锯齿，叶面被4~6辐线星状毛，叶背灰白色，被7~11辐线星状毛，侧脉每边5~6条；叶柄被星状毛。花白色，聚伞花序具花（1~）2~3朵；花蕾长圆形；花梗被星状毛；萼筒浅杯状，密被灰黄色星状毛；花瓣长圆形或倒卵状长圆形，外面被星状毛；雄蕊10，呈两轮，内轮雄蕊较短，花丝先端2齿，花药卵状长圆形；花柱约与外轮雄蕊等长。蒴果半球形，被星状毛，具宿存萼裂片外弯。

分布示意图：

用　途：

山梅花

别　名：白毛山梅花

科　属：虎耳草科 山梅花属

学　名：*Philadelphus incanus* Koehne

形态特征：灌木；一年生小枝紫红色，多被柔毛，二年生小枝灰褐色，且表皮片状脱落。卵形或阔卵形叶，叶尖急尖，叶基圆形，叶缘具疏锯齿，叶表被刚毛，手触粗糙，叶背具白色长粗毛，明显特征为离基三出脉，侧脉 3~5 条。总状花序，花萼绿色被糙伏毛，花瓣白色，基本急收窄，雄蕊多数，花药。蒴果倒卵形，种子具短尾。

分布示意图：

用　途：

东陵绣球

别　名： 东陵八仙花、柏氏八仙花、铁杆花儿结子、光叶东陵绣球

科　属： 虎耳草科 绣球属

学　名： *Hydrangea bretschneideri* Dipp.

形态特征： 灌木；当年生小枝近无毛，二年生树皮薄片状剥落。单叶对生，薄纸质或纸质，卵形至长卵形、倒长卵形或长椭圆形，叶缘有具硬尖头的锯形小齿或粗齿，叶面脉上常被疏短柔毛，叶背密被柔毛或后变近无毛；侧脉 7~8 对；叶柄初时被柔毛。伞房状聚伞花序较短小，直径 8~15 cm，分枝 3；不育花萼片 4；孕性花萼筒杯状，萼齿三角形；花瓣白色；雄蕊 10 枚，不等长，花柱 3。蒴果卵球形，种子两端具狭翅。

分布示意图：

用　途：

莼兰绣球

别　名： 长柄绣球、莼兰

科　属： 虎耳草科 绣球属

学　名： *Hydrangea longipes* Franch.

形态特征： 灌木；淡黄色小枝圆柱形，
上被黄色短柔毛。叶膜质或薄纸质，上被
糙伏毛，叶背有少数伏贴细柔毛；叶形多，
同株可有阔卵形、阔倒卵形、长卵形或长
倒卵形，叶尖为急尖或渐尖，叶基多截平，
叶缘具粗锯齿；侧脉 6~8 对，于叶背凸起；
叶柄被疏短柔毛。伞房状聚伞花序顶生，
分枝较短，通常密集，密被透明披针状短
粗毛；不育花白
色，萼片 4；孕
性花白色，萼筒
杯状；早落花瓣
长卵形；雄蕊 10
枚；子房下位，
花柱 2。蒴果杯
状；种子两端具
短翅，扁平，具
凸起的纵脉纹。

分布示意图：

用　途：

海 桐

科　属：海桐花科 海桐花属

学　名：*Pittosporum tobira*（Thunb.）Ait.

形态特征：常绿灌木；嫩枝具皮孔常被褐色柔毛。叶聚生于枝顶，光滑革质，倒卵形或倒卵状披针形，叶表面深绿色，发亮、先端多微凹入，叶基窄楔形，侧脉 6~8 对，在叶缘处相结合，叶干后反卷，具叶柄。伞形花序近顶生，密被黄褐色柔毛；花开初时白色后变黄，有香气；萼片卵形被柔毛；花瓣离生。蒴果有棱多圆球形，有棱或呈三角形，干时 3 片裂开，果片内侧黄褐色；种子红色多角形。

分布示意图：

用　途：

柄果海桐

别　名：广栀仁

科　属：海桐科 海桐属

学　名：_Pittosporum podocarpum_ Gagnep.

形态特征：常绿灌木。叶簇生枝顶，薄革质，倒卵形或倒披针形，基部楔形，下延，侧脉 6~8 对，网脉不明显，全缘平展。花 1~4 多生于枝顶叶腋，花梗无毛，苞片细小；萼片卵形，子房密被褐色柔毛。蒴果梨形或椭圆形，子房柄常 5~8 mm，瓣裂，果瓣薄，粗糙，每瓣有 3~4 种子，种子扁圆形，干后淡红色。

分布示意图：

用　途：

红花檵木

别　名: 红继木、红桎木、红桎木、红檵花、红桎花、红桎花、红花继木

科　属: 金缕梅科 檵木属

学　名: *Loropetalum chinense* Oliver var. *rubrum* Yieh

形态特征: 常绿灌木, 多分枝, 嫩枝红褐色密被星状毛; 紫红色革质叶卵形, 叶尖尖锐, 叶基 5 对, 钝而不等, 全缘, 侧脉 5 对, 叶表面明显可见, 叶背突起; 早落托叶膜质。紫红色花 3~8 朵簇生, 与嫩叶同时开放, 苞片线形, 带状花瓣 4 片, 雄蕊及雌蕊均 4 个, 子房完全下位。

分布示意图:

用　途:

牛鼻栓

科　属：金缕梅科 牛鼻栓属

学　名：*Fortunearia sinensis* Rehd. et Wils.

形态特征：落叶灌木或小乔木；灰褐色嫩枝有柔毛；老枝秃净无毛具少数皮孔；芽体细小被星毛。膜质叶倒卵形，先端锐尖，叶基偏斜钝圆，叶表面无毛深绿色，叶背浅绿色侧脉 6~10 对，叶背脉上有长毛；叶缘有齿尖下弯的锯齿；叶柄有毛；托叶早落。两性花的总状花序；苞片及小苞片披针形；花瓣狭披针形，短于萼齿。卵圆形蒴果无毛，具白色皮孔，2片裂开，每片又2浅裂，果瓣先端尖，尤为明显。种子卵圆形有光泽，种脐马鞍形色。

分布示意图：

用　途：

山白树

科　属： 金缕梅科 山白树属

学　名： *Sinowilsonia henryi* Hemsl.

形态特征： 落叶灌木；嫩枝有灰黄色星状茸毛；老枝略有皮孔；芽体无鳞状苞片，有星状茸毛。倒卵形叶纸质或膜质，叶尖急尖，叶基稍不等侧圆形，叶表面绿色，叶背有柔毛；侧脉 7~9 对，在叶表面明显，叶背面突起，网脉明显；叶缘密生小齿突；早落托叶线形。雄花总状花序，萼筒极短，萼齿匙形；雄蕊花丝极短。雌花穗状，花柱突出萼筒外。果序有不规则棱状突起，被星状茸毛。卵圆形蒴果无柄，被灰黄色长丝毛，宿存萼筒被褐色星状茸毛，与蒴果离生。有光泽种子黑色，种脐灰白色。

分布示意图：

用　途：

蚊母树

别　　名： 米心树、蚊子树、华蚊母

科　　属： 金缕梅科 蚊母树属

学　　名： *Distylium racemosum* Siebold et Zucc.

形态特征： 常绿灌木，嫩枝具鳞垢，老枝秃净；裸芽被鳞垢。革质叶椭圆形，叶尖钝，深绿色叶表面发亮，叶背嫩时具垢，后秃净，侧脉5~6对，叶背面稍突起，网脉不显，叶全缘；叶柄略有鳞垢。总状花序花序轴，总苞片有鳞垢。雌雄花同在一个花序上，雌花位于花序的顶端，短萼筒被鳞垢；卵圆形蒴果，被星状茸毛，上半部2片裂开，每片2浅裂，不具宿存萼筒。卵圆形种子，深褐色、发亮，种脐白色。

分布示意图：

用　　途：

杜 仲

别　名: 胶木、丝楝树皮、丝棉皮、棉树皮、胶树

科　属: 杜仲科 杜仲属

学　名: *Eucommia ulmoides* Oliver

形态特征: 高大落叶乔木；灰褐色树皮粗糙，富含橡胶，折断拉开有细丝。嫩枝有黄褐色毛后秃净，老枝具明显的皮孔。红褐色芽体卵圆形，鳞片6~8片，发亮。薄革质叶椭圆形；叶基圆形，叶尖渐尖；叶色淡绿，叶脉上有毛；侧脉6~9对，叶表面上下陷，叶背面稍突起；叶缘有锯齿；叶柄有槽，叶折断也具丝线黏连。花生于当年枝基部，雄花无花被；雌花单生，淡绿色，子房顶端3裂。长椭圆形翅果扁平，坚果位于中央突起，周围具薄翅；种子扁平，线形。

分布示意图:

用　途:

二球悬铃木

别　名： 英国梧桐、法国梧桐

科　属： 悬铃木科 悬铃木属

学　名： *Platanus × acerifolia*（*P. orientalis × occidentalis*）（Ait.）Willd.

形态特征： 落叶大乔木，树皮光滑粉白绿色，大片块状脱落。阔卵形叶，嫩时两面皆有灰黄色毛被，叶背毛被尤为厚密，后变秃净，仅背脉腋内有毛；叶基截形或微心形，常掌状 5 裂，有时 7 裂或 3 裂；中央裂片阔三角形，宽长约相等；裂片全缘或有 1~2 个粗大锯齿；基出掌状脉多 3 条；鞘状托叶中等大上部开裂。花通常 4 数。果枝有头状果序 1~2 个，稀为 3 个，常下垂；头状果序，刺状宿存花柱，坚果之间无突出的茸毛，或有极短的毛。

分布示意图：

用　途：

一球悬铃木

别　名：美国梧桐

科　属：悬铃木科 悬铃木属

学　名：*Platanus occidentalis* Linn.

形态特征：高大落叶乔木；树皮有浅沟，呈小块状剥落；嫩枝有黄褐色茸毛被。阔卵形叶片大，通常3浅裂少5浅裂，裂片短三角形，宽度远较长度；叶基截形，阔心形，或稍呈楔形；边缘具数个粗大锯齿；嫩时被灰黄色茸毛，后秃净，仅叶背脉上有毛，掌状脉3条，叶柄密被茸毛；托叶基部鞘状，上部呈喇叭形，早落。花通常4~6数，单性，聚成圆球形头状花序。头状果序圆球形，单生稀为2个；小坚果先端钝，坚果为茸毛长2倍。

分布示意图：

用　途：

中华绣线菊

别　　名：铁黑汉条、华绣线菊

科　　属：蔷薇科 绣线菊属

学　　名：*Spiraea chinensis* Maxim.

形态特征：灌木，可高达 3 m；红褐色小枝弯曲拱形，幼时被黄色茸毛，有时无毛；冬芽卵形，具鳞片，外被柔毛。菱状卵形至倒卵形叶，急尖或圆钝，叶基部宽楔形或圆形，叶缘具缺刻状粗锯齿，叶色上面暗绿且有短柔毛，脉纹深陷，叶背密被黄色茸毛，脉纹突起。伞形花序具花 16~25 朵；线形苞片；钟状萼筒；白色花瓣近圆形；雄蕊 22~25，与花瓣近等长；波状圆环形花盘，花柱短于雄蕊。蓇葖果开张，花柱顶生。

分布示意图：

用　　途：

粉花绣线菊

别　　名： 吹火筒、狭叶绣球菊、尖叶绣
球菊、火烧尖、蚂蟥梢、日本绣线菊

科　　属： 蔷薇科 绣线菊属

学　　名： *Spiraea japonica* L. f.

形态特征： 直立灌木；小枝近圆柱形，
无毛或幼时被毛；冬卵形，有鳞片。单叶
互生，卵形至卵状椭圆形，叶缘具有缺刻
重锯齿或单锯齿，叶背色浅或有白霜，常
沿叶脉有短柔毛，叶柄具 1~3 mm，具短
柔毛。复伞形花序，花粉红色，密集，密
被短柔毛；薄膜披针形至线状披针形，花
萼外被稀疏短柔毛，萼筒钟状，萼片三角形，花瓣卵形至圆形，雄蕊 25~30，
花盘圆环形。蓇葖果半张开。

分布示意图：

用　　途：

中华绣线梅

别　名: 华南梨

科　属: 蔷薇科 绣线梅属

学　名: *Neillia sinensis* Oliv.

形态特征: 灌木; 小枝幼时紫褐色, 老时暗灰褐色; 冬芽卵形, 红褐色。叶片卵形至卵状长椭圆形, 长 5~11 cm, 宽 3~6 cm, 先端长渐尖, 基部圆形或近心形, 稀宽楔形, 叶缘有重锯齿, 两面无毛或在下面脉腋有柔毛; 叶柄微被毛或近于无毛; 托叶线状披针形或卵状披针形, 早落。花淡粉色, 顶生总状花序, 无毛; 花直径 6~8 mm; 萼筒筒状, 内面被短柔毛; 萼片三角形; 花瓣倒卵形, 先端圆钝; 雄蕊 10~15, 排成不规则的 2 轮; 子房顶端有毛, 花柱直立。蓇葖果长椭圆形, 萼筒宿存, 外被疏生长腺毛。

分布示意图:

用　途:

白鹃梅

别　　名： 总花白鹃梅、茧子花、九活头、
金瓜果

科　　属： 蔷薇科 白鹃梅属

学　　名： *Exochorda racemosa*（Lindl.）
Rehd.

形态特征： 落叶灌木，枝条细弱展开；
圆柱形小枝微有棱角，无毛；三角卵形冬
芽暗紫红色。椭圆形叶无毛，叶基楔形，
全缘；叶柄短近于无柄。总状花序，有白
花 6~10 朵；宽披针形苞片小；萼筒浅钟
状；黄绿色萼片宽三角形；花瓣 5 离生，
倒卵形，基部
有短爪；雄蕊
15~20，成束着
生在花盘边缘，
每 束 3~4 枚，
与花瓣对生。
倒圆锥形蒴果
具 5 脊。

分布示意图：

用　　途：

水枸子

别　名： 香李、灰枸子、多花灰枸子、多花枸子、枸子木

科　属： 蔷薇科 枸子属

学　名： *Cotoneaster multiflorus* Bge.

形态特征： 落叶灌木；枝条细，常呈弓形弯曲，幼时带紫色。叶互生，卵形或宽卵形，上面无毛，下面幼时稍有茸毛，后秃净；托叶线形，疏生柔毛，脱落。花白色，多数，5~21 朵，成聚伞花序；苞片线形；萼筒钟状；萼片三角形；花瓣平展，近圆形内面基部有白色细柔毛；雄蕊约 20，稍短于花瓣；花柱比雄蕊短；子房先端有柔毛。果实近球形或倒卵形，直径 8 mm，红色。

分布示意图：

用　途：

匍匐栒子

别　　名： 匍匐灰栒子、洮河栒子

科　　属： 蔷薇科 栒子属

学　　名： *Cotoneaster adpressus* Bois

形态特征： 落叶匍匐灌木，茎不规则分枝，平铺地上；小枝细瘦，圆柱形，幼嫩时具糙伏毛，后秃净。叶片宽卵形或倒卵形，全缘而呈波状，叶背具稀疏短柔毛或无毛；叶柄长 1~2 mm；托叶钻形，脱落。花 1~2 朵；萼筒钟状，外具稀疏短柔毛；萼片卵状三角形，外面有稀疏短柔毛；花瓣直立，倒卵形，粉红色；雄蕊 10~15，短于花瓣；花柱 2，短于雄蕊；子房顶部有短柔毛。果实近球形，鲜红色，无毛。

分布示意图：

用　　途：

灰栒子

别　名：北京栒子、河北栒子

科　属：蔷薇科 栒子属

学　名：*Cotoneaster acutifolius* Turcz.

形态特征：落叶灌木；枝条细瘦而开展，棕褐色或红褐色，幼时被长柔毛。叶互生，椭圆卵形至长圆卵形，全缘，幼时两面均被长柔毛；叶柄具短柔毛；托叶线状披针形，脱落。花白色带红晕，2~5 朵成聚伞花序；花梗被长柔毛；苞片线状披针形；萼筒外被短柔毛；萼片三角形，外面具短柔毛；花瓣直立；雄蕊 10~15，短于花瓣；花柱 2，短于雄蕊；子房先端有短柔毛。果实椭圆形稀倒卵形，黑色。

分布示意图：

用　途：

火 棘

别　名: 赤阳子、火把果、救兵粮、救军粮、救命粮、红子

科　属: 蔷薇科 火棘属

学　名: *Pyracantha fortuneana*（Maxim.）Li

形态特征: 常绿灌木，多修剪成各种造型；侧枝短，先端为刺状，嫩枝外被锈色短柔毛，老枝无毛暗褐色；芽小，外被短柔毛。倒卵形或倒卵状长圆形叶片无毛，叶尖微凹，叶基楔形且多延连于叶柄，叶缘有钝锯齿，齿尖向内。花集成复伞房花序；钟状萼筒无毛；三角卵形萼片；白色花瓣近圆形；雄蕊20，花药色黄；离生花柱5，与雄蕊等长，子房上部密生白色柔毛。果实近球形，橘红色或深红色，鲜艳夺目。

分布示意图:

用　途:

湖北山楂

别　名： 大山枣、酸枣、猴楂子

科　属： 蔷薇科 火棘属

学　名： *Crataegus hupehensis* Sarg.

形态特征： 乔木或灌木；刺少，直立，也常无刺；小枝圆柱形，具浅褐色皮孔；冬芽紫褐色。叶片卵形至卵状长圆形，叶缘有圆钝锯齿，上半部具 2~4 对浅裂片，裂片卵形，无毛或仅叶背脉腋有髯毛；叶柄无毛；托叶草质，边缘具腺齿，早落。多花白色，伞房花序；总花梗和花梗均无毛；苞片膜质，早落；萼筒钟状；萼片三角卵形，全缘；花瓣卵形；雄蕊 20，花药紫色，比花瓣稍短；花柱 5。果实近球形，直径 2.5 cm，深红色，有斑点，萼片宿存，反折；小核 5，两侧平滑。

分布示意图：

用　途：

华中山楂

科　属： 蔷薇科 山楂属

学　名： *Crataegus wilsonii* Sarg.

分布示意图：

形态特征： 落叶灌木，刺粗壮且光滑；小枝圆柱形，稍有棱角，疏生浅色长圆形皮孔。冬芽三角卵形，紫褐色。单叶对生，纸质，卵形或倒卵形，通常边缘中部以上有 3~5 对浅裂片；叶柄有窄叶翼，幼时被白色柔毛；托叶边缘有腺齿，早落。花白色，多朵成伞房花序；总花梗和花梗均被白色茸毛；苞片草质至膜质，边缘有腺齿，脱落较晚；萼筒钟状，外面通常被白色柔毛或无毛；萼片边缘具齿，外被柔毛；花瓣近圆形；雄蕊 20，花药玫瑰紫色；花柱稍短。红色果实肉质椭圆形，外面光滑无毛；萼片宿存，反折；小核 1~3。

用　途：

石 楠

别 名： 凿木、千年红、扇骨木、笔树、石眼树、将军梨、石楠柴、凿角、山官木

科 属： 蔷薇科 石楠属

学 名： *Photinia serrulata* Lindl.

形态特征： 常绿灌木或小乔木，有时可高达 12 m；褐灰色枝无毛；卵形冬芽被褐色无毛鳞片。长椭圆形革质叶片成熟后无毛；叶缘疏生具腺细锯齿；叶上面光亮；中脉显著，幼时有茸毛；侧脉 25~30 对；叶柄粗壮。复伞房花序顶生；白色花密生；杯状萼筒无毛；阔三角形萼片，先端急尖；近圆形花瓣内外两面皆无毛；雄蕊 20，外轮较花瓣长，内轮较花瓣短，花药带紫色。红色果实球形，成熟后成褐紫色，有 1 粒种子；棕色种子卵形平滑。

分布示意图：

用 途：

【 112 】

红叶石楠

别　　名： 费氏石楠、红芽石楠

科　　属： 蔷薇科 石楠属

学　　名： *Photinia × fraseri* Dress

形态特征： 常绿小乔木或灌木，树冠圆球形。新枝棕色，老时灰色无毛。树干及枝条上具刺。新叶亮红色，老叶常绿，叶片革质，具厚角质层，折断可见。长圆形至倒卵状叶片，叶基楔形，叶缘有带腺的锯齿。白色花多而密，呈顶生复伞房花序，花序梗、花柄均贴生短柔毛。梨果黄红色。

分布示意图：

用　　途：

枇 杷

别　名: 卢桔

科　属: 蔷薇科 枇杷属

学　名: *Eriobotrya japonica*（Thunb.）Lindl.

形态特征: 常绿小乔木；黄褐色小枝粗壮，密生锈色或灰棕色茸毛。叶片革质，形如琵琶，叶尖急尖或渐尖，叶基部楔形或渐狭成叶柄，叶上部叶缘有疏锯齿，叶下部全缘，叶上表面光亮，多皱，叶背面密生灰棕色茸毛；侧脉 11~21 对，网状脉明显，位于上表面凹陷，下表面突出；叶柄短或几无柄，有灰棕色茸毛。多数白花呈圆锥花序顶生；总花梗、花梗苞片、萼片、萼筒均密生锈色茸毛。黄色或橘黄色果实球形或长圆形，可食用。褐色种子球形或扁球形，光亮，种皮纸质。花期 10~12 月，果期 5~6 月。

分布示意图:

用　途:

水榆花楸

别　　名：水榆、黄山榆、花楸、枫榆、千筋树、粘枣子

科　　属：蔷薇科 花楸属

学　　名：*Sorbus alnifolia*（Sieb. & Zucc.）K. Koch

形态特征：落叶乔木；圆柱形小枝具灰白色皮孔，二年生枝暗红褐色，老枝暗灰褐色；冬芽卵形，具暗红褐鳞片。卵形至椭圆卵形叶片，叶面光亮，叶缘有不整齐的尖锐重锯齿，叶面无毛，中脉和侧脉上微具短柔毛，侧脉6~10（~14）对，直达叶边齿尖；常见三小叶簇生；复伞房花序较疏松，白色花6~25朵，钟状萼筒；三角形萼片，内面密被白色茸毛；雄蕊20，短于花瓣；雌蕊短于雄蕊。红色或黄色椭圆形果实，先端具残留圆斑。

分布示意图：

用　　途：

陕甘花楸

别　　名：昆氏花楸

科　　属：蔷薇科 花楸属

学　　名：*Sorbus koehneana* Schneid.

形态特征：灌木或小乔木，小枝无毛，冬芽无毛或顶端有褐色柔毛。叶互生，奇数羽状复叶，小叶 8~12 对，长圆形或圆状披针形，叶缘具尖锐锯齿 10~14，叶背中脉被疏柔毛或近无毛；叶轴两侧微具窄翅。托叶革质，有锯齿，早落。花白色，复伞房花序，花萼无毛，萼片三角形，花瓣宽卵形，内面具微柔毛或近无毛；雄蕊20，长为花瓣 1/3；花柱 5，与雄蕊等长。梨果球形，不足 1 cm，白色，萼片宿存。

分布示意图：

用　　途：

花楸树

别　名： 楸树、百华花楸、泰山花楸

科　属： 蔷薇科 花楸属

学　名： *Sorbus pohuashanensis*（Hance）Hedl.

形态特征： 乔木；小枝粗壮，具灰白色细小皮孔；冬芽具数枚红褐色鳞片，外面密被灰白色茸毛。奇数羽状复叶；小叶片5~7对，叶缘有细锐锯齿，叶背苍白色，有稀疏或较密集茸毛，侧脉9~16对，叶背中脉显著突起；叶轴有白色茸毛，老时近于无毛；托叶革质，宿存。复伞房花序具多数密集花朵，花白色，总花梗和花梗均密被白色茸毛，成长时逐渐脱落；萼筒钟状；萼片三角形，内外两面均具茸毛；花瓣宽卵形或近圆形；雄蕊20，几与花瓣等长；花柱3，雄蕊较短。果实近球形，红色或橘红色，具宿存闭合萼片。花期6月，果期9~10月。

分布示意图：

用　途：

贴梗海棠

别　名： 木瓜、楙、皱皮木瓜

科　属： 蔷薇科 木瓜属

学　名： *Chaenomeles speciosa*（Sweet）Nakai

形态特征： 落叶灌木，枝条直立开展且有刺；圆柱形小枝紫褐色或黑褐色，无毛有皮孔；紫褐色冬芽三角卵形。叶片卵形至椭圆形，叶面光亮无毛，叶缘具有尖锐锯齿；革质托叶大。猩红色花先叶开放，3~5 朵簇生于二年生老枝上；花梗短粗；雄蕊 45~50，长不及花瓣一半长；雌蕊与雄蕊等长。球形或卵球形果实，多黄色，有少数不显明斑点，气味芳香。

分布示意图：

用　途：

木 瓜

别　名：榠楂、木李、海棠

科　属：蔷薇科 木瓜属

学　名： *Chaenomeles sinensis*（Thouin）
Koehne

形态特征：灌木或小乔木，树皮灰绿色
成片状脱落，露出灰白色内皮；圆柱形小
枝无刺，紫红色，二年生枝紫褐色；半圆
形冬芽紫褐色。椭圆卵形或椭圆长圆形叶
片，叶基部宽楔形或圆形，叶缘具刺芒状
尖锐锯齿，齿尖有腺；卵状披针形托叶膜
质，边缘具腺齿。淡粉色花单生于叶腋，
花梗短粗；钟状萼筒
无毛；三角披针形萼
片反折，内面密被浅
褐色茸毛；花瓣倒卵
形 5 枚；雄蕊多数，
雌蕊 3~5，雌雄长不
及花瓣一半。木质长
椭圆形果实，暗黄色，
味芳香。

分布示意图：

用　途：

豆　梨

别　名：鹿梨、阳檖、赤梨、糖梨、杜梨、梨丁子

科　属：蔷薇科 梨属

学　名：*Pyrus calleryana* Decne.

分布示意图：

形态特征：乔木；圆柱形小枝粗壮，二年生枝条灰褐色；三角卵形冬芽，微具茸毛。宽卵形至卵形叶片，两面无毛，叶基圆形至宽楔形，叶缘有钝锯齿；线状披针形托叶叶质。白色花 6~12 朵成伞形总状花序；线状披针形苞片膜质，披针形萼片，两者内面均具茸毛；雄蕊 20，略短于花瓣。黑褐色梨果球形，有斑点，果梗细长。

用　途：

白　梨

别　名： 白挂梨、罐梨

科　属： 蔷薇科 梨属

学　名： *Pyrus bretschneideri Rehd.*

形态特征： 乔木，树冠开展；圆柱形小枝粗壮，二年生枝紫褐色，具稀疏皮孔；卵形冬芽暗紫色。卵形或椭圆卵形叶片，叶缘有尖锐锯齿，齿尖有刺芒，微向内合拢，嫩时紫红绿色；叶柄嫩时密被茸毛，后脱落；膜质托叶线形至线状披针形，边缘具有腺齿，早落。花 7~10 朵成伞形总状花序；膜质苞片线形；花直径 2~3.5 cm；三角形萼片边缘有腺齿；白色花瓣卵形，先端常呈啮齿状；雄蕊 20，约花瓣半长；雌蕊与雄蕊近等长。黄色果实卵形或近球形，先端萼片脱落，基部具肥厚果梗，有细密斑点；种子褐色。

分布示意图：

用　途：

垂丝海棠

科　属： 蔷薇科 苹果属

学　名： *Malus halliana* Koehne

形态特征： 乔木；细弱小枝圆柱形，紫色或紫褐色；卵形冬芽紫色。卵形或椭圆形叶片叶边缘有圆钝细锯齿，仅中脉具短柔毛，叶上面深绿色，常带紫晕有光泽；膜质托叶小，早落。粉红色花 4~6 朵成伞房花序，紫色花梗细弱，而下垂；倒卵形花瓣，基部有短爪；雄蕊 20~25，花丝不等高约为花瓣之半；雌蕊较雄蕊为长，时顶花中缺失。梨形或倒卵形果实，略带紫色，果梗长 2~5 cm。

分布示意图：

用　途：

西府海棠

别　　名：海红、小果海棠、子母海棠

科　　属：蔷薇科 苹果属

学　　名：*Malus micromalus* Makino

形态特征：小乔木，树枝直立性强，树皮灰黑色，有纵纹；细弱小枝圆柱形，紫红色或暗褐色，具稀疏皮孔；暗紫色冬芽卵形。叶片长椭圆形或椭圆形，叶缘有尖锐锯齿；膜质托叶线状披针形，边缘有疏生腺齿，早落。常花 4~7 朵成伞形总状花序，集生于小枝顶端，花梗较长；近圆形或长椭圆形花瓣，外侧粉红，内侧粉白色；雄蕊约20，略短余花瓣；雌蕊与雄蕊近等长。近球形果实红色，萼洼梗洼均下陷。

分布示意图：

用　　途：

棣 棠

别　名： 鸡蛋黄花、土黄花

科　属： 蔷薇科 棣棠属

学　名： *Kerria japonica*（L.）DC.

形态特征： 落叶灌木；圆柱形小枝绿色，常拱垂，嫩枝有棱角。三角状卵形叶互生，叶缘有尖锐重锯齿，叶绿色，仅叶背沿脉或脉腋处具柔毛；叶柄无毛；膜质托叶带状披针形，早落。黄色花单生，于生在当年生侧枝顶端；宽椭圆形花瓣 5 枚，顶端下凹，长于萼片。倒卵形瘦果褐色或黑褐色，表面无毛，有皱褶。

分布示意图：

用　途：

山 莓

别　名： 树莓、山抛子、牛奶泡、撒秧泡、三月泡、四月泡、龙船泡、大麦泡、泡儿刺、刺葫芦、馒头菠、高脚波

科　属： 蔷薇科 悬钩子属

学　名： *Rubus corchorifolius* L. f.

形态特征： 直立落叶灌木；枝多绿色具皮刺。卵形至卵状披针形叶，互生，叶色不一，上浅，下深，叶背中脉疏生小皮刺，叶缘不分裂或3裂（不育枝），具不规则锐锯齿或重锯齿；叶柄长1~2 cm，疏生小皮刺；线状披针形托叶。白色花单生或少数生于短枝上；花3 cm大小；长圆形或椭圆形花瓣5枚，顶端圆钝，长约宽2倍且长于萼片；雌雄蕊多数。聚合核果，红色近球形或卵球形，密被细柔毛，酸甜可食。

分布示意图：

用　途：

插田泡

别　　名： 高丽悬钩子

科　　属： 蔷薇科 悬钩子属

学　　名： *Rubus coreanus* Miq.

形态特征： 灌木；红褐色枝粗壮，被白粉，具近直立或钩状扁平皮刺。奇数羽状复叶多 5 小叶，稀 3 小叶，卵形、菱状卵形或宽卵形，叶面无毛，叶背被稀疏柔毛或仅沿叶脉被短柔毛，叶缘具不整齐粗锯齿或缺刻状粗锯齿，顶生小叶上部有时 3 浅裂；叶柄与叶轴均疏生钩状小皮刺；线状披针形托叶，有柔毛。深粉色花朵多数，聚生侧枝顶端成伞房花序，花梗被灰白色短柔毛；线形苞片，长卵形至卵状披针形萼片，花时开展，果时反折；花瓣与萼片近等长或稍短；花丝粉红色略短于花瓣。近球形果实，深红色至紫黑色；核具皱纹。

分布示意图：

用　　途：

蓬蘽

别　名： 割田藨、三月泡、泼盘、蓬藟

科　属： 蔷薇科 悬钩子属

学　名： *Rubus hirsutus* Thunb.

形态特征： 灌木；枝红褐色或褐色，被柔毛和腺毛，疏生皮刺。叶互生，奇数羽状复叶，小叶 3~5 枚，卵形或宽卵形，两面疏生柔毛，叶缘具不整齐尖锐重锯齿；叶柄具柔毛和腺毛，并疏生皮刺；托叶两面具柔毛。花白色，单生于侧枝顶端，亦有腋生；花梗具柔毛和腺毛，或有极少小皮刺；苞片小，线形，具柔毛；花大，直径 3~4 cm；花萼外密被柔毛和腺毛；萼片花后反折；花瓣倒卵形或近圆形。聚合核果，近球形，红色，无毛。

分布示意图：

用　途：

高粱泡

别　名：冬牛、冬菠、高粱泡、蓬蘽、刺五泡藤

科　属：蔷薇科 悬钩子属

学　名：*Rubus lambertianus* Ser.

形态特征：半落叶藤状灌木；幼枝有柔毛或近无毛，具微弯小皮刺。单叶互生，多宽卵形，叶两面多疏生柔毛，叶背中脉上常疏生小皮刺，叶缘明显 3~5 裂或呈波状，有细锯齿；叶柄具稀疏小皮刺；托叶离生，线状深裂，常脱落。花白色，圆锥花序顶生；总花梗、花梗和花萼均被细柔毛；萼片外面边缘和内面均被白色短柔毛；花瓣倒卵形，稍短于萼片；雄蕊稍短于花瓣；雌蕊 15~20，通常无毛。聚合核果，果实小，近球形，熟时红色；核较小，有明显皱纹。

分布示意图：

用　途：

金樱子

别　名： 油饼果子、唐樱莇、和尚头、山鸡头子、山石榴、刺梨子

科　属： 蔷薇科 蔷薇属

学　名： *Rosa laevigata* Michx.

形态特征： 常绿攀缘灌木；小枝粗壮，散生扁弯皮刺，无毛，幼时被腺毛。小叶革质，通常3，稀5；小叶片椭圆状卵形、倒卵形或披针状卵形，叶缘有锐锯齿，叶面亮绿色，叶背黄绿色，幼时沿中肋有腺毛；小叶柄和叶轴有皮刺和腺毛；托叶披针形，边缘有细齿，齿尖有腺体，早落。花白色，单生于叶腋；花梗和萼筒密被腺毛，后随果实成长变为针刺；萼片卵状披针形，常有刺毛和腺毛，内面密被柔毛，短于花瓣；花瓣先端微凹。果紫褐色，外面密被刺毛，萼片宿存。

分布示意图：

用　途：

【 129 】

月季花

别　名：月月红、月月花

科　属：蔷薇科 蔷薇属

学　名：*Rosa chinensis* Jacq.

形态特征：常绿、半常绿直立灌木；圆柱形小枝粗壮，有短粗的钩状皮刺。奇数羽状复叶，小叶 3~5，稀 7，叶缘有锐锯齿，叶面近无毛，上表面暗绿色且具光泽，叶背颜色较浅，总叶柄较长，有散生皮刺和腺毛；托叶多贴于叶柄，仅上部分离成耳状，边缘常有腺毛。花颜色多样，红色、粉红色至白色，重瓣或半重瓣，多几朵集生，稀单生；卵形萼片边缘常有羽状裂片；花柱离生，伸出萼筒，与雄蕊近等长。红色卵球形或梨形果，萼片脱落。

分布示意图：

用　途：

黄刺玫

别　名：黄刺莓

科　属：蔷薇科 蔷薇属

学　名：*Rosa xanthine* Lindl.

形态特征：直立灌木；枝粗壮且密集；小枝无毛，有散生皮刺。奇数羽状复叶，小叶 7~13，连叶柄长 3~5 cm；小叶片宽卵形或近圆形，叶缘有圆钝锯齿；叶轴、叶柄有稀疏柔毛及小皮刺；带状披针形托叶，多生于叶柄，上部离生呈耳状，叶缘有锯齿和腺体。黄色花单生于叶腋，重瓣或半重瓣，无苞片；花梗、萼筒、萼片外皆无毛，后两者内面有疏柔；雄蕊远长于雌蕊。紫褐色或黑褐色果近球形或倒卵圆形，花后萼片反折。

分布示意图：

用　途：

【 131 】

紫叶李

别　名：樱桃李、樱李

科　属：蔷薇科 李属

学　名：*Prunus cerasifera f. atropurpurea*（Jacq.）Rehd.

形态特征：灌木或小乔木；枝条纤细多分枝，暗灰色，有时有棘刺；小枝暗红色；卵圆形冬芽，具紫红色鳞片。椭圆形、卵形或倒卵形叶片，叶缘有圆钝锯齿，叶面深绿色，中脉微下陷，叶背颜色较淡，中脉和侧脉均突起，侧脉 5~8 对；膜质托叶披针形，边有带腺细锯齿，早落。花白色 1 朵少 2 朵，花小而秀丽；萼筒钟状，长卵形萼片，边有疏浅锯齿；雄蕊 25~30，花丝长短不等，2 轮排列，略短于花瓣；雌蕊 1，柱头盘状，稍长于雄蕊。核近球形或椭圆形果，黄色、红色或黑色，微被蜡粉；核椭圆形或卵球形。

分布示意图：

用　途：

桃

别　名： 陶古日

科　属： 蔷薇科 桃属

学　名： *Prunus persica* L.

形态特征： 落叶乔木；树冠宽广而平展；树皮暗红褐色，老时粗糙呈鳞片状；小枝无毛细长，有光泽具皮孔。圆锥形冬芽簇生。长圆披针形叶片，叶尖渐尖，叶基宽楔形，叶表两面无毛，仅叶背脉腋间具少数短柔毛，叶缘具细锯齿或粗锯齿；叶柄粗壮，常具 1 至数枚腺体。粉红色花单生，先于叶开放；钟形萼筒，色绿而具红色斑点；卵形至长圆形萼片外被短柔毛；雄蕊 20~30，花药绯红色；雌蕊与雄蕊近等长。果实形状和大小均有变异，外面密被短柔毛，腹缝明显，果梗短而深入果洼；核大，表面具纵、横沟纹和孔穴。

分布示意图：

用　途：

杏

别　名： 杏、杏树、杏花、归勒斯

科　属： 蔷薇科 杏属

学　名： *Armeniaca vulgaris* Lam.

形态特征： 落叶乔木；树冠圆形；灰褐色树皮纵裂；老枝浅褐色，皮孔大而横生，新枝浅红褐色，有光泽。宽卵形或圆卵形叶片，叶缘有圆钝锯齿；叶柄无毛，基部常具1~6腺体。白色花单生，先于叶开放；花梗短；花萼紫红色，花后反折；雄蕊多数，稍短于花瓣；雌蕊与雄蕊几等长。白色、黄色至黄红色果实球形，常具红晕

分布示意图：

用　途：

且被短柔毛；核卵形或椭圆形，腹面具龙骨状棱；种仁味苦或甜。

樱 桃

别　名： 莺桃、荆桃、楔桃、英桃、牛桃、樱珠

科　属： 蔷薇科 樱属

学　名： *Prunus pseudocerasus*（Lindl.）G. Don

形态特征： 乔木，高 2~6 m，树皮灰白色。小枝灰褐色，嫩枝绿色，无毛或被疏柔毛。冬芽卵形，无毛。叶片卵形或长圆状卵形，叶基圆形，叶缘具尖锐重锯齿，齿端有小腺体，叶表面暗绿色，叶背淡绿色，两面无毛仅叶背沿脉或脉间有稀疏柔毛，侧脉 9~11 对；叶柄，被疏柔毛，先端有 1 或 2 个大腺体；披针形托叶早落，有羽裂腺齿。白色花 3~6 朵成伞房状或近伞形，先花后叶；褐色总苞倒卵状椭圆形，边有腺齿；花梗、钟状萼筒外被疏柔毛；雄蕊多枚；雌蕊与雄蕊近等长。红色核果近球形。

分布示意图：

用　途：

东京樱花

别　名： 日本樱花、樱花、吉野樱

科　属： 蔷薇科 樱属

学　名： *Cerasus yedoensis*（Matsum.）Yü et Li

形态特征： 乔木，树皮灰色。淡紫褐色小枝无毛，嫩枝绿色，被疏柔毛。卵圆形冬芽无毛。椭圆卵形或倒卵形叶片，叶缘有尖锐重锯齿，齿端渐尖，有小腺体，叶面深绿色，叶背淡绿色，两面无毛，仅叶背沿脉被稀疏柔毛，有侧脉 7~10 对；叶柄密被柔毛，顶端有 1~2 个腺体或有时无腺体；披针形托叶具羽裂腺齿，早落。白色或粉红色花 3~4 朵，成伞形总状，先花后叶；褐色总苞片两面被疏柔毛；褐色苞片匙状长圆形，边有腺体；管状萼筒，被疏柔毛；三角状长卵形萼片，边缘有腺齿；椭圆卵形花瓣，先端下凹，全缘二裂；雄蕊短于花瓣。黑色核果近球形，核表面略具棱纹。

分布示意图：

用　途：

日本晚樱

科　属：蔷薇科 樱属

学　名：*Prunus serrulata var. lannesiana*
（Carrière）Makino

形态特征：落叶乔木，树皮灰褐色或灰黑色。小枝灰白色或淡褐色，无毛。卵圆形冬芽无毛。卵状椭圆形或倒卵椭圆形叶片，叶表面深绿色，叶背淡绿色，两面皆无毛，叶缘具渐尖重锯齿，齿端有长芒。多朵成伞房总状或近伞形，常具香气；褐红色总苞片，倒卵长圆形；花瓣粉红色倒卵形，重瓣，先端下凹；雄蕊多数；花柱无毛，长于雄蕊。核果球形或卵球形。

分布示意图：

用　途：

稠　李

別　名：臭李子、臭耳子

科　属：蔷薇科 李属

学　名：*Prunus racemosa*（Lam.）Gilib.

形态特征：落叶乔木；树皮粗糙而多斑纹，老枝有浅色皮孔。单叶互生，椭圆形、长圆形或长圆倒卵形，叶缘有不规则锐锯齿，有时混有重锯齿；叶柄幼时被短茸毛，后脱落近无毛，顶端两侧各具1腺体；托叶膜质，线形，早落。花白色，总状花序具有多花，基部通常有2~3叶，叶片与枝生叶同形较小；总花梗和花梗通常无毛，萼筒钟状，比萼片稍长；萼片边有带腺细锯齿；花长圆形，是雄蕊2倍长；雄蕊多数，排成不规则2轮；雌蕊1。核果卵球形，红褐色至黑色，光滑。

分布示意图：

用　途：

合 欢

别　名：绒花树、马缨花

科　属：豆科 合欢属

学　名：_Albizia julibrissin_ Durazz.

形态特征：落叶乔木；小枝有棱角，嫩枝、花序、叶轴、花萼及花冠被茸毛或短柔毛。二回羽状复叶，互生，总叶柄近基部着生 1 对腺体；羽片 4~12（~20）对；小叶 10~30 对，线形至长圆形，向上偏斜，中脉紧靠上边缘。头状花序于枝顶排成圆锥花序，花序轴蜿蜒状；花粉红色；花萼管状，长 3 mm；花冠裂片三角形；花丝长 2.5 cm。荚果带状，嫩时被毛。

分布示意图：

用　途：

皂荚

别　名： 刀皂、牙皂、猪牙皂、皂荚树、皂角、三刺皂角

科　属： 豆科 皂荚属

学　名： *Gleditsia sinensis* Lam.

形态特征： 落叶乔木或小乔木；刺粗壮，圆柱形，常呈圆锥状分枝。偶数羽状复叶；小叶（2~）3~9 对，纸质，卵状披针形至长圆形，叶尖具小尖头，叶缘具细锯齿，叶面被短柔毛，叶背中脉上稍被柔毛；网脉明显，于两面凸起；小叶柄被短柔毛。花杂性，黄白色，组成总状花序；花序腋生或顶生，被短柔毛；雄花：4 基数；花托深棕色，外面被柔毛；萼片三角状披针形；花瓣长圆形，被微柔毛；雄蕊 8（6）；两性花：萼片及花瓣较雄花；雄蕊 8；柱头浅 2 裂；胚珠多数。荚果带状，劲直或扭曲，果肉稍厚，两面臌起，或有的荚果短小，多少呈柱形弯曲作新月形，通常称猪牙皂，内无种子；果瓣革质，常被白色粉霜；种子多颗，棕色，光亮。

分　布：

用　途：

山皂荚

别　名: 山皂角、皂荚树、皂角树、悬刀树、荚果树、乌犀树、鸡栖子、日本皂荚

科　属: 豆科 皂荚属

学　名: *Gleditsia japonica* Miq.

形态特征: 落叶乔木；小枝微有棱，具白色皮孔；刺略扁，粗壮，常分枝。叶为一回或二回羽状复叶，具羽片 2~6 对；小叶 3~10 对，纸质至厚纸质，卵状长圆形或卵状披针形至长圆形，微偏斜，全缘或具波状疏圆齿，叶面微粗糙。黄绿色花组成穗状花序；腋生或顶生，雄花序长 8~20 cm，雌花序长 5~16 cm；雄花：深棕花托色，外面密被褐色短柔毛；萼片 3~4、花瓣 4，均被柔毛；雄蕊 6~8（9）；雌花：萼片和花瓣均为 4~5，两面密被柔毛；不育雄蕊 4~8；子房无毛，柱头膨大。荚果带形，扁平，不规则旋扭或弯曲作镰刀状，果瓣革质，常具泡状隆起；种子多数。

分布示意图:

用　途:

【 141 】

云 实

别　名： 天豆、水皂角、马豆、铁场豆、药王子

科　属： 豆科 云实属

学　名： *Caeaslpinia decapetala*（Roth）Alston

形态特征： 藤本；树皮暗红色；枝、叶轴和花序均被柔毛和钩刺。二回羽状复叶，羽片3~10对，对生，基部有刺1对；膜质小叶8~12对，嫩时两面均被短柔毛。黄色多花成总状花序，顶生直立；总花梗多刺被毛，在花萼下具关节，故花易脱落；长圆形萼片5；膜质花瓣盛开时反卷；雄蕊与花瓣近等长；子房无毛。栗褐色荚果长圆状舌形，脆革质，沿腹缝线膨胀成狭翅，开裂；种子6~9颗。

分布示意图：

用　途：

湖北紫荆

别　　名： 云南紫荆、乌桑树、箩筐树

科　　属： 豆科 紫荆属

学　　名： *Cercis glabra* Pamp.

形态特征： 乔木，可高达 16 m；树皮和小枝灰黑色。单叶互生，厚纸质或近革质，心脏形或三角状圆形，叶较大，长 5~12 cm，宽 4.5~11.5 cm，幼叶常呈紫红色，成长后绿色，叶面光亮，叶背无毛或基部脉腋间常有簇生柔毛；基脉（5~）7 条；叶柄长 2~4.5 cm。总状花序短，有花数至十余朵；花淡紫红色或粉红色，稍大，长 1.3~1.5 cm，花梗细长，长 1~2.3 cm。荚果狭长圆形，紫红色，长 9~14 cm，于腹缝线一侧有狭翅，向外弯拱，种子 1~8 颗，近圆形。

分布示意图：

用　　途：

紫 荆

别　名：老茎生花、紫珠、裸枝树、满条红、白花紫荆、短毛紫荆

科　属：豆科 紫荆属

学　名：*Cercis chinensis* Bunge

形态特征：落叶灌木；树皮和小枝灰白色。叶纸质，近圆形或三角状圆形，两面通常无毛，叶柄略带紫色，叶缘膜质透明。紫红色或粉红色花，2~10 余朵成束，簇生于老枝和主干上，老枝上先花后叶；花两侧对称；花瓣 5，近蝶形，龙骨瓣基部具深紫色斑纹；子房嫩绿色，后期则密被短柔毛。绿色荚果扁狭长形，于腹缝线一侧有狭翅，翅宽约 1.5 mm，两侧缝线对称或近对称；种子 2~6 颗，黑褐色。

分布示意图：

用　途：

【 144 】

翅荚香槐

别　　名： 永春香槐

科　　属： 豆科 香槐属

学　　名： *Cladrastis platycarpa*（Maxim.）Makino

形态特征： 大乔木；树皮暗灰色，多皮孔。一年生枝被褐色柔毛，后秃净。奇数羽状复叶；小叶 7~9，互生或近对生，长椭圆形或卵状长圆形，顶生叶大，侧脉 6~8 对，近边缘网结，细脉明显；小叶密被灰褐色柔毛。圆锥花序长 10~30 cm；花序轴和花梗被疏短柔毛；花萼阔密被棕褐色绢毛；白色花冠，芳香，旗瓣长圆形，翼瓣三角状卵形，稍具耳，龙骨瓣卵形，与翼瓣近等长；离生雄蕊 10；子房被淡黄白色疏柔毛。荚果扁平，两侧具翅，不开裂，有种子 1~2 粒。

分布示意图：

用　　途：

小花香槐

别　　名：香槐、黄槐树、香櫰

科　　属：豆科 香槐属

学　　名：*Cladrastis sinensis* Hemsl.

形态特征：乔木。幼枝、叶轴、小叶柄被灰褐色或锈色柔毛。奇数羽状复叶，小叶 4~7 对，互生或近对生，卵状披针形或长圆状披针形，叶背苍白色，被灰白色柔毛，常沿中脉被锈色毛，侧脉 10~15 对，于叶背隆起。圆锥花序顶生；花多；苞片早落；花萼钟状，萼齿 5，密被灰褐色或锈色短柔毛；花冠白色或淡黄色，偶为粉红色，旗瓣倒卵形或近圆形，翼瓣箭形，比旗瓣稍长，龙骨瓣比翼瓣稍大，椭圆形，基部具 1 下垂圆耳；子房被淡黄色疏柔毛。荚果扁平，椭圆形或长椭圆形，稍增厚，有种子 1~3（~5）粒。

分布示意图：

用　　途：

槐

别　名： 蝴蝶槐、国槐、金药树、豆槐、
槐花树、槐花木、守宫槐、紫花槐、槐树、
堇花槐、毛叶槐、宜昌槐、早开槐

科　属： 豆科 槐属

学　名： *Sophora japonica* Linn.

形态特征： 落叶乔木；树皮灰褐色，纵
裂。奇数羽状复叶，叶柄基部膨大；纸质
小叶 4~7 对，对生或近互生，卵状披针形
或卵状长圆形，叶背灰白色；小托叶 2 枚，
钻状。黄白色花成圆锥花序，顶生；小苞
片 2 枚，形似小托叶；花萼浅钟状，萼齿
5，被灰白色短柔毛；蝶形花
冠，旗瓣近圆形，有紫色脉纹，
先端微缺，龙骨瓣与翼瓣等
长；雄蕊宿存。荚果串珠状，
种子间缢缩不明显，种子排
列较紧密，具肉质果皮，成
熟后不开裂，具种子 1~6 粒。

分布示意图：

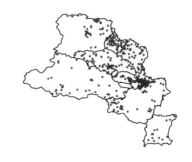

用　途：

【 147 】

黄　檀

别　名： 不知春、望水檀、檀树、檀木、
白檀、上海黄檀

科　属： 豆科 黄檀属

学　名： *Dalbergia hupeana* Hance

形态特征： 乔木；树皮呈薄片状剥落。
奇数羽状复叶，小叶 3~5 对，叶革质，椭
圆形至长圆状椭圆形，两面无毛，细脉隆
起，叶面有光泽。圆锥花序顶生或生于最
上部叶腋，花序梗、花序分枝及花梗均被
锈色或黄褐色短柔毛；花密集；花萼被锈
色柔毛；花冠白色或淡紫色，长于花萼，
旗瓣圆形，翼瓣倒卵
形，龙骨瓣关月形；
雄蕊 10，二体（5+5）；
子房具短柄，除基部
与子房柄外，无毛，
花柱纤细，柱头小，
头状。荚果不开裂，
长圆形或阔舌状，果
瓣对种子部分有网
纹；种子肾形。

分布示意图：

用　途：

紫　藤

别　名： 紫藤萝、白花紫藤

科　属： 豆科 紫藤属

学　名： *Wisteria sinensis*（Sims）Sweet

形态特征： 大型落叶藤本。茎粗壮，左旋，黄褐色嫩枝被白色柔毛。奇数羽状复叶，小叶 9~13 ，纸质，卵状椭圆形至卵状披针形，顶端小叶最大，嫩叶被平伏毛；小叶柄被柔毛；小托叶刺毛状。总状花序，下垂，花序轴被白色柔毛；花梗细；花萼密被细毛；花冠紫色，圆形旗瓣花开后反折，芳香。荚果倒披针形，密被茸毛，悬垂枝上不脱落，有种子 1~3 粒。

分布示意图：

用　途：

刺 槐

别　　名： 洋槐、槐花、伞形洋槐、塔形洋槐

科　　属： 豆科 刺槐属

学　　名： *Robinia pseudoacacia* Linn.

形态特征： 落叶乔木，树皮灰褐色至黑褐色，浅裂至深纵裂。小枝幼时有棱脊，微被毛；具托叶刺。奇数羽状复叶；叶轴具沟槽；小叶 5~25，常对生，全缘；小托叶针芒状、总状花序腋生，下垂，花多数，芳香花萼斜钟状，密被柔毛；花冠白色，各瓣均具瓣柄，旗瓣大，内有黄斑，龙骨瓣镰状；雄蕊二体，对旗瓣的 1 枚分离；子房线形，花柱钻形。褐色荚果扁平，沿腹缝线具狭翅；花萼宿存；种子 2~15。

分布示意图：

用　　途：

杭子梢

别　名： 多花杭子梢

科　属： 豆科 杭子梢属

学　名： *Campylotropis macrocarpa*（Bunge）Rehd.

形态特征： 灌木。小枝贴生或近贴生短或长柔毛，嫩枝毛密，老枝常无毛。羽状复叶具 3 小叶；具托叶；叶柄多被柔毛；小叶椭圆形至长圆形，先端具小凸尖，基部圆形，叶背被毛，中脉明显隆起。总状花序腋生并顶生，花序轴、花梗被短柔毛；小苞片近线形或披针形，早落；花萼钟形，稍浅裂至深裂，被短柔毛；花冠紫红色或近粉红色，旗瓣椭圆形、倒卵形或近长圆形等，翼瓣微短于旗瓣或等长，龙骨瓣呈直角或微钝角内弯。荚果长圆形至椭圆形，具网脉，边缘生纤毛。

分布示意图：

用　途：

绿叶胡枝子

别　　名： 三兄弟、三父子、女金丹

科　　属： 豆科 胡枝子属

学　　名： *Lespedeza buergeri* Miq.

形态特征： 直立灌木。枝灰褐色或淡褐色，被疏毛。羽状复叶具 3 小叶，托叶线状披针形；小叶全缘，先端具小刺尖，卵状椭圆形，叶背密被贴生的毛。花 2 至多数组成腋生总状花序，或圆锥花序；花萼钟状，密被长柔毛；花冠淡黄绿色，旗瓣近圆形，基部两侧有耳，翼瓣先端多带紫色，龙骨瓣有明显的耳和长瓣柄；子房有毛，花柱丝状。荚果长圆状卵形，具网纹和长柔毛。

分布示意图：

用　　途：

兴安胡枝子

别　名： 毛果胡枝子、达呼尔胡枝子、达呼里胡枝子

科　属： 豆科 胡枝子属

学　名： *Lespedeza davurica*（Laxm.）Schindl.

形态特征： 多年生小灌木。茎常稍斜升，单一或数个簇生；幼枝有细棱，被白色短柔毛。羽状复叶具 3 小叶，小叶长圆形或狭长圆形，先端具小刺尖，叶背被贴伏短柔毛；顶生小叶较大。总状花序腋生，较叶短或与叶等长；总花梗密生短柔毛；花二型，有花冠或闭锁花；小苞片披针状，花萼钟形 5 深裂，均被毛；萼裂片先端成刺芒状，与花冠近等长；花冠白色或黄白色，旗瓣中央稍带紫色；闭锁花生于叶腋，结实。荚果小，倒卵形或长倒卵形，两面凸起，有毛具网纹。种子1，不开裂。

分布示意图：

用　途：

多花胡枝子

别　名: 四川胡枝子、白毛蒿花、米汤草、铁鞭草

科　属: 豆科 胡枝子属

学　名: *Lespedeza floribunda* Bunge

形态特征: 小灌木。茎常近基部分枝；枝有条棱，被灰白色茸毛。托叶线形，先端刺芒状；羽状复叶具 3 小叶；小叶具柄，倒卵形，宽倒卵形或长圆形，先端具小刺尖，基部楔形，两面均被毛；侧生小叶较小。花多数成总状花序，腋生；总花梗细长，显著超出叶；小苞片卵形；花萼钟形 5 裂；花冠紫色、紫红色或蓝紫色，旗瓣椭圆形，有柄，翼瓣稍短，龙骨瓣长于旗瓣，钝头。荚果宽卵形，密被柔毛，具网状脉，长于宿存萼。

分布示意图:

用　途:

紫穗槐

别　名： 槐树、紫槐、棉槐、棉条、椒条、苕条

科　属： 豆科 紫穗槐属

学　名： *Amorpha fruticosa* Linn.

形态特征： 落叶灌木，丛生。小枝幼时密被短柔毛。奇数羽状复叶互生；小叶11~25片，基部有线形托叶；小叶卵形或椭圆形，先端具短而弯曲的尖刺，叶背有白色短柔毛，具黑色腺点。穗状花序常1至数个顶生和枝端腋生，密被短柔毛；花序梗与序轴均密被短柔毛；花多数且密生，花萼钟形，萼齿5，长为萼筒的1/3；旗瓣心形，紫色，无翼瓣和龙骨瓣；雄蕊10，下部合生成鞘，上部分。荚果下垂，顶端具小尖，棕褐色，表面有凸起的疣状腺点。

分布示意图：

用　途：

葛

别　名：野葛、葛藤、葛根

科　属：豆科 葛属

学　名： *Pueraria lobata*（Willd.）Ohwi

形态特征：粗壮缠绕藤本，茎基部木质，
植株被黄色长硬毛，有粗厚的块状根。羽
状复叶具 3 小叶；托叶背着，有小托叶；
小叶大，卵形或菱形，三裂或全缘，叶两
面被淡黄色毛，叶背较密；小叶柄被黄褐
色茸毛。总状花序，花轴具稍凸起的节，
花多而密，花萼钟形，被黄褐色柔毛；花
冠紫色，旗瓣基部有耳及黄色硬痂状附属
体，二体雄蕊；
子房。线形，被毛。
荚果条形，被褐
色长硬毛。根茎
可食。

分布示意图：

用　途：

红花锦鸡儿

别　　名：乌兰－哈日嘎纳、黄枝条、金雀儿

科　　属：豆科 锦鸡儿属

学　　名：*Caragana rosea* Turcz. ex Maxim.

形态特征：丛生落叶灌木，老枝绿褐色或灰褐色，小枝条棱，托叶于长枝宿存成细针刺；叶柄脱落或宿存成针刺；叶假掌状复叶，小叶 2 对；小叶楔状倒卵形，具刺尖，叶片近革质，多无毛。蝶形花单生，苞片着生在关节处；紫红色花萼管状，萼齿三角形，内密被短柔毛；黄色花冠常紫红色或全部淡红色，旗瓣长圆状倒卵形，先端凹入，基部渐狭成宽瓣柄，翼瓣长圆状线形，瓣柄稍短于瓣片，龙骨瓣的瓣柄与瓣片近等长；子房无毛。荚果圆筒形。

分布示意图：

用　　途：

竹叶花椒

别　名: 蜀椒、秦椒、崖椒、野花椒、狗椒、山花椒、竹叶总管、白总管、万花针、土花椒、狗花椒、竹叶椒

科　属: 芸香科 花椒属

学　名: *Zanthoxylum armatum* DC.

形态特征: 落叶小乔木；茎枝多锐刺，刺基部宽而扁，红褐色；奇数羽状复叶，小叶3~9（~11），纸质，叶轴、叶柄具翅，下面有时具皮刺；小叶对生，披针形，叶面稍粗皱；叶缘有裂齿，仅在齿缝处或沿小叶边缘有油点。聚伞状圆锥花序，无毛；淡黄色花被片6~8，近等大；雄花雄蕊5~6枚，药隔顶端有油点；雌蕊具2~3心皮。果紫红色，疏生微凸起油点。

分布示意图:

用　途:

野花椒

别　　名： 香椒、黄总管、天角椒、大花椒、黄椒、刺椒

科　　属： 芸香科 花椒属

学　　名： *Zanthoxylum simulans* Hance

形态特征： 灌木或小乔木；枝干散生基部宽而扁的锐刺，嫩枝及被短柔毛，或无毛。奇数羽状复叶，小叶 5~9（~15），对生，叶轴有狭窄翅，油点多，叶面常有刚毛状细刺，中脉凹陷，叶缘有浅且稀的钝裂齿。聚伞圆锥花序花序顶生；花被片 5~8，淡黄绿色，近等大；花丝及半圆形凸起的退化雌蕊均淡绿色，药隔顶端具 1 油点；雌花花柱斜向背弯。红褐色果密被微凸油点，分果瓣基部变狭窄且略延长 1~2 mm 呈柄状。

分布示意图：

用　　途：

花椒

别　名：蜀椒、秦椒、大椒、樕、椒、麻药藤、入山虎、钉板刺

科　属：芸香科 花椒属

学　名：*Zanthoxylum bungeanum* Maxim.

形态特征：落叶小乔木或灌木状；茎干被粗壮皮刺，常早落；小枝刺基部宽扁直伸，幼枝被短柔毛。奇数羽状复叶，小叶5~13，对生，叶轴具窄翅；小叶无柄，卵形，椭圆形，稀披针形，具细锯齿，齿间具油腺点，叶面无毛，叶背中脉两侧具簇生毛。聚伞圆锥花序顶生，花序轴及花梗密被短柔毛或无毛；花被片6~8，黄绿色，近相似；雄花的雄蕊5~8枚；退化雌蕊顶端叉状浅裂。果紫红色，散生微凸起的油点，顶端有甚短的芒尖或无。

分布示意图：

用　途：

【 160 】

臭檀吴萸

别　名：臭檀

科　属：芸香科 吴茱萸属

学　名：*Evodia daniellii*（Benn.）Hemsl.

形态特征：落叶乔木。奇数羽状复叶，小叶5~11，纸质，阔卵形，卵状椭圆形，散生少数油点或油点不显，叶缘有细钝裂齿常有缘毛，嫩叶有时两面被疏柔毛。花单性，雌雄异株，聚伞花序，花序轴及分枝被灰白色或棕黄色柔毛，花蕾近圆球形；萼片及花瓣均5片；萼片卵形；雄花的退化雌蕊圆锥状，被毛；雌花的退化雄蕊鳞片状。蓇葖果，分果瓣紫红色，干后变淡黄或淡棕，内果皮干后软骨质，蜡黄色；种子卵形。

分布示意图：

用　途：

黄檗

别　名： 黄柏、关黄柏、元柏、黄伯栗、黄波椤树、黄檗木、檗木、黄菠梨、黄菠栎、黄菠萝

科　属： 芸香科 黄檗属

学　名： *Phellodendron amurense* Rupr.

分布示意图：

分布示意图：

用　途：

形态特征： 落叶乔木。成年树的树皮有厚木栓层，纵裂，内皮鲜黄色薄，味苦；木材淡黄色。枝上散生小皮孔，叶痕马蹄形，叶迹明显。叶对生，奇数羽状复叶，叶轴及叶柄均纤细，小叶 5~13 片，小叶薄纸质或纸质，卵状披针形或卵形，叶缘有细钝齿和缘毛，秋季落叶前叶色黄而明亮。花单性，雌雄异株，圆锥状聚伞花序顶生；萼片、花瓣、雄蕊及心皮均为 5 数，萼片细小；花瓣紫绿色。蓝黑色果圆球形；种子通常 5 粒。

枳

别　　名：铁篱寨、雀不站、臭杞、臭橘、枸橘

科　　属：芸香科 枳属

学　　名：*Poncirus trifoliata*（L.）Raf.

形态特征：小乔木。绿色新枝扁而具纵棱，红褐色刺基本扁平刺尖干枯状。通常指状 3 出叶，稀 4~5 小叶，叶柄有狭长的翼叶，叶缘有细钝裂齿或全缘；花白色，单朵或成对腋生，先花后叶，也有先叶后花的，有完全花及不完全花（雄蕊发育，雌蕊萎缩），花有大、小二型；花瓣匙形；花丝不等长。暗黄色果近圆球形或梨形，大小差异较大，果肉微香橼气味，酸苦且涩；种子有黏液。

分布示意图：

用　　途：

苦　树

别　名: 熊胆树、黄楝树、苦皮树、苦檀木、苦楝树、苦木

科　属: 苦木科 苦树属

学　名: *Picrasma quassioides*（D. Don）Benn.

形态特征: 落叶乔木；树皮紫褐色，平滑具灰色斑纹，全株有苦味。奇数羽状复叶，互生；小叶 9~15，多对生，叶缘具不整齐的粗锯齿，侧生小叶叶基不对称，叶面无毛；有明显的半圆形或圆形叶痕。花雌雄异株，4~5 基数，复聚伞花序腋生，花序轴密被黄褐色微柔毛，花梗下部具关节；萼片小，宿存；花瓣与萼片同数长于萼片；雄蕊 4~5，花盘稍厚；心皮 2~5，分离。蓝绿色核果，萼宿存。

分布示意图:

用　途:

【 164 】

臭 椿

别　名：樗、皮黑樗、黑皮樗、黑皮互叶臭椿、南方椿树、椿树、黑皮椿树、灰黑皮椿树、灰黑皮樗

科　属：苦木科 臭椿属

学　名：*Ailanthus altissima*（Mill.）Swingle

形态特征：落叶乔木，树皮平滑而有直纹；小枝被柔毛，有髓。奇数羽状复叶；小叶 13~41，对生或近对生，纸质，两侧各具 1 或 2 个粗锯齿，齿背有腺体 1 个，柔碎后具臭味。花小淡绿色，成圆锥花序；萼片 5；花瓣 5，基部两侧被硬粗毛；雄蕊 10，花丝基部密被硬粗毛；花柱黏合，柱头 5 裂。翅果长椭圆形；种子位于翅的中间，扁圆形。

分布示意图：

用　途：

香椿

别　名： 毛椿、椿芽、春甜树、椿阳树、椿、湖北香椿、陕西香椿、香甜树

科　属： 楝科 香椿属

学　名： *Toona sinensis*（A.Juss.）Roem.

形态特征： 落叶乔木；树皮粗糙，浅纵裂，片状脱落。偶数羽状复叶，小叶16~20，全缘或有疏离的小锯齿，两面无毛，叶背常呈粉绿色。聚伞圆锥花序疏被锈色柔毛或近无毛，多花，5基数；花萼，外面被柔毛，且有睫毛；白色花瓣长圆形；花盘近念珠状；花柱比子房长，柱头盘状。深褐色蒴果具有小而苍白色的皮孔；种子上端有膜质长翅。

分布示意图：

用　途：

棟

别　名： 苦棟树、金铃子、川棟子、森树、
紫花树、棟树、苦棟、川棟

科　属： 棟科 棟属

学　名： *Melia azedarach* Linn.

形态特征： 落叶乔木；树皮纵裂，小枝
具叶痕。二至三回奇数羽状复叶，小叶卵
形、椭圆形或披针形，对生，叶缘有钝锯
齿，向上斜举。圆锥花序腋生，多分枝，
与叶近等长。花两性，花萼 5~6 深裂；花
瓣 5~6，淡紫色，两面均被微柔毛；紫色
雄蕊管圆筒形，有纵细脉，管顶有齿裂，
花药着生其间；花盘
环状；子房近球形。
核果球形至椭圆形，
近肉质，核骨质；椭
圆形种子下垂，外种
皮硬壳质。

分布示意图：

用　途：

雀儿舌头

别　名：线叶雀舌木、小叶雀舌木、云南雀舌木、粗毛雀舌木、绒叶雀舌木

科　属：大戟科 雀舌木属

学　名：_Leptopus chinensis_（Bunge）Pojark.

形态特征：直立小灌木；茎上部和小枝条具棱；除枝条、叶片、叶柄和萼片均在幼时被疏短柔毛外，其余无毛。叶片膜质至薄纸质，卵形、近圆形、椭圆形或披针形，叶面深绿色，叶背浅绿色；托叶卵状三角形。花雌雄同株，单生或2~4朵簇生于叶腋；花5基数；雄花：花梗丝状；膜质萼片浅绿色，具有脉纹；膜质花瓣白色，匙形；花盘腺体分离；雄蕊离生；雌花：花瓣倒卵形；花盘环状，10裂至中部。蒴果圆球形或扁球形，具宿存萼片。

分布示意图：

用　途：

算盘子

别　名： 算盘珠、野南瓜、柿子椒、红毛馒头果

科　属： 大戟科 算盘子属

学　名： *Glochidion puberum*（Linn.）Hutch.

形态特征： 直立灌木，多分枝；全株大部密被柔毛。叶片纸质或近革质，长圆形、长卵形或倒卵状长圆形，叶面灰绿色，叶背粉绿色；侧脉下面凸起；托叶三角形。花小，雌雄同株或异株，2~5朵簇生于叶腋，常雄花束着生于小枝下部，雌花束则在上部，或有时雌花和雄花同生于一叶腋内；萼片6，雄花雄蕊3，合生成圆柱状；雌花花柱合生成环状；蒴果扁球状，熟时带红色，顶端具宿存花柱；朱红色种子近肾形，具三棱。

分布示意图：

用　途：

【 169 】

重阳木

别　名： 乌杨、茄冬树、红桐、水枧木

科　属： 大戟科 秋枫属

学　名： *Bischofia polycarpa*（Lévl.）Airy Shaw

形态特征： 高大落叶乔木；树皮纵裂；新枝具皮孔灰白色；老枝皮孔锈褐色。三出复叶；小叶片纸质，卵形或椭圆状卵形，叶缘具钝细锯齿，每 1 cm 长 4~5 个；托叶小，早落。花雌雄异株，春季与叶同时开放，总状花序，纤细下垂；雄花：萼片 5，半圆形，膜质，向外张开；雄蕊 5，分离；雌花：萼片与雄花的相同，有白色膜质的边缘；花柱长而肥厚。圆球形果实小，浆果状，熟时褐红色，外果皮肉质，内果皮坚纸质。

分布示意图：

用　途：

白背叶

别　名： 雄株、白匏仔、白背木、白面虎、白吊栗、野桐、白面戟

科　属： 大戟科 野桐属

学　名： *Mallotus apelta*（Lour.）Muell. Arg.

形态特征： 灌木或小乔木；小枝、叶柄、叶背和花序均密被星状柔毛和散生橙黄色颗粒状腺体。叶互生，卵形或阔卵形，叶缘具疏齿，叶面无毛；羽状脉，基出5脉；基部近叶柄处具褐色斑状腺体2个。雌雄异株，无花瓣及花盘；雄花序为圆锥花序或穗状；花蕾卵形或球形，外面密生淡黄色星状毛，内面散生颗粒状腺体；雌花序穗状；雌花：花萼裂片卵形或近三角形，外面密生灰白色星状毛和颗粒状腺体；柱头密生羽毛状突起。蒴果近球形，密生被灰白色星状毛的软刺。

分布示意图：

用　途：

【 171 】

山麻杆

别　名：荷包麻

科　属：大戟科 山麻杆属

学　名：*Alchornea davidii* Franch.

形态特征：落叶灌木；嫩枝被灰白色短茸毛。叶薄纸质，阔卵形或近圆形，边缘具粗锯齿或具细齿，齿端具腺体，叶面及叶柄均被短柔毛，托叶披针形早落。雌雄异株，雄花菜黄花序状，苞片卵形；雌花序总状，顶生，各部均被短柔毛，苞片三角形。雄花萼片 3（~4）；雄蕊 6~8；雌花萼片 5 子房球形被毛。蒴果近球形，密生柔毛；种子卵状三角形，具小瘤体。

分布示意图：

用　途：

油 桐

别　　名： 桐油树、桐子树、罂子桐、荏桐、三年桐

科　　属： 大戟科 油桐属

学　　名： *Vernicia fordii*（Hemsl.）Airy Shaw

形态特征： 落叶乔木；树皮灰色，近光滑；枝条粗壮，具明显皮孔。叶卵圆形，全缘，叶柄与叶片近等长，顶端有2枚扁平、无柄腺体。花雌雄同株，先叶或与叶同时开放；伞房状圆锥花序，萼2（3）裂，密被棕褐色微柔毛；花瓣5，白色，有淡红色脉纹，基部爪状；雄花雄蕊8~12，外轮离生，内轮花丝中部以下合生；雌花：子房密被柔毛，花柱与子房室同数。核果近球状，果皮光滑；种皮木质。

分布示意图：

用　　途：

乌 柏

别　　名： 木子树、柏子树、腊子树、米柏、糠柏、多果乌柏、桂林乌柏

科　　属： 大戟科 乌柏属

学　　名： *Sapium sebiferum*（Linn.）Roxb.

形态特征： 乔木，全株无毛而具乳状汁液。叶互生，纸质，叶片菱形、菱状卵形或稀有菱状倒卵形，全缘；中脉两面微凸起；叶柄纤细；托叶顶端钝。花单性，雌雄同株，总状花序，雌花多生于花序轴下部，雄花生于花序轴上部或整个花序全为雄花。雄花：花梗纤细，向上渐粗；苞片阔卵形，基部两侧各具一近肾形的腺体；雌花：花梗粗壮；苞片深裂片渐尖，花萼3深裂；子房卵球形，基部合生，柱头外卷。梨状球形蒴果，熟时黑色。种子扁球形，外被白色、蜡质的假种皮。

分布示意图：

用　　途：

黄连木

别　名: 木黄连、黄连芽、木萝树、田苗树、黄儿茶、鸡冠木、烂心木、鸡冠果、黄连树、药术、药树、茶树、凉茶树、岩拐角、黄连茶、楷木

科　属: 漆树科 黄连木属

学　名: *Pistacia chinensis* Bunge

形态特征: 落叶乔木；树干扭曲，树皮呈鳞片状剥落。奇数羽状复叶互生，有小叶 5~6 对，叶轴具条纹；小叶对生或近对生，纸质，披针形或卵状披针形或线状披针形，全缘，侧脉和细脉两面突起。花单性异株，先花后叶，圆锥花序腋生，紧密者为雄，疏松者为雌。雄花：花被大小不等，边缘具睫毛；花丝极短，花药大；雌花华北 7~9，大小不等，子房球形。核果熟时紫红色，干后具纵向细条纹。

分布示意图:

用　途:

毛黄栌

科　属： 漆树科 黄栌属

学　名： *Cotinus coggygria var. pubescens* Engl.

形态特征： 灌木，木质部黄色，树汁有异味。单叶互生，多阔椭圆形，稀圆形，全缘，叶背、叶脉及叶柄密被灰色柔毛，先端常叉开；叶柄短。圆锥花序疏松而顶生，被柔毛；花杂性；花萼无毛，裂片卵状三角形；花瓣卵形或卵状披针形，无毛；花药卵形，与花丝等长，花盘 5 裂，紫褐色；子房近球形分离；果肾形，无毛。

分布示意图：

用　途：

盐肤木

别　　名: 五倍子树、五倍、五倍子、山梧桐、木五倍子、乌桃叶、乌盐泡、乌烟桃、乌酸桃、红叶桃、盐树根、土椿树、酸酱头、红盐果、倍子柴、角倍、肤杨树、盐肤子、盐酸白

科　　属: 漆树科 盐肤木属

学　　名: *Rhus chinensis* Mill.

形态特征: 落叶小乔木或灌木；小枝棕褐色，被锈色柔毛，具圆形小皮孔。奇数羽状复叶，叶轴具宽的叶状翅，小叶自下而上逐渐增大，叶轴和叶柄密被锈色柔毛；小叶多形，边缘具粗锯齿或圆齿，叶背粉绿色，被锈色柔毛；小叶无柄。圆锥花序多分枝，密被锈色柔毛；花白色，被微柔毛；雄花花瓣倒卵状长圆形，开花时外卷；雌花：花瓣椭圆状卵形，边缘具细睫毛，子房卵形，密被白色微柔毛，柱头头状。核果球形，被具节柔毛和腺毛，熟时红色。

分布示意图:

用　　途:

【 177 】

火炬树

别　　名：鹿角漆、火炬漆、加拿大盐肤

科　　属：漆树科 盐肤木属

学　　名：*Rhus typhina* L.

形态特征：落叶小乔木，小枝密被灰色
茸毛。奇数羽状复叶，小叶 19~23（11~31），
小叶长卵形至披针形，叶缘具锯齿，叶面
深绿色，叶背苍白色，秋季落叶前变红。
圆锥花序顶生，密被茸毛，花淡绿色，雌
花花柱有红色刺毛。核果深红色，扁球形，
密生茸毛，花柱宿存、紧密聚生成火炬状。

分布示意图：

用　　途：

红麸杨

别　名： 漆倍子，倍子树，旱倍子

科　属： 漆树科 盐肤木属

学　名： *Rhus punjabensis var. sinica* (Diels) Rehder & E. H. Wilson

形态特征： 落叶乔木或小乔木，小枝、花序、花萼外部及花瓣均被毛。奇数羽状复叶，小叶 3~6 对，叶轴上部具狭翅，极稀不明显；叶卵状长圆形或长圆形，全缘，侧脉较密，于叶背明显突起。圆锥花序；苞片钻形；白色花小；花萼裂片狭三角形，花瓣长圆形，开花时先端外卷；花丝线形，花药卵形；花盘厚，紫红色；子房球形，密被白色柔毛。核果近球形，略压扁，熟时暗紫红色，被具节柔毛和腺毛；种子小。

分布示意图：

用　途：

齿叶冬青

别　　名: 钝齿冬青、圆齿冬青、波缘冬青

科　　属: 冬青科 冬青属

学　　名: *Ilex crenata* Thunb.

形态特征: 多枝常绿灌木;幼枝灰色或褐色,具纵棱角,密被短柔毛,老枝具半月形隆起叶痕及稀疏皮孔。叶片革质,倒卵形,椭圆形或长圆状椭圆形,叶缘具圆齿状锯齿,叶背密生褐色腺点;叶柄上面具槽,下面隆起,被短柔毛;托叶钻形,微小。花4基数,白色;雄花1~7组成聚伞花序,雌花单生叶腋,稀为2~3花的腋生聚伞花序。核果球形,熟后黑色;宿存花萼平展;宿存柱头厚盘状。

分布示意图:

用　　途:

冬　青

科　属：冬青科 冬青属

学　名： *Ilex chinensis* Sims

形态特征：常绿乔木；当年生小枝圆柱形具细棱；叶痕新月形，凸起。单叶互生，叶片薄革质至革质，椭圆形或披针形，叶缘具圆齿，幼叶为锯齿，叶面绿色，有光泽；叶柄上面平或有时具窄沟。复聚伞花序单生叶腋，花淡紫色或紫红色；花萼浅杯状，裂片阔卵状三角形；花冠辐状，花瓣卵形，开放时反折；雄蕊短于花瓣；子房卵球形。果长球形，熟时红色；内果皮厚革质。

分布示意图：

用　途：

枸 骨

别　名： 枸骨冬青、鸟不落、猫儿刺、老虎刺、八角刺、鸟不宿、构骨、狗骨刺、猫儿香、老鼠树

科　属： 冬青科 冬青属

学　名： *Ilex cornuta* Lindl. et Paxt.

形态特征： 常绿灌木或小乔木；幼枝具纵脊及沟，沟内被微柔毛或变无毛，多年枝具纵裂缝及隆起的叶痕，无皮孔。叶片厚革质，二型，四角状长圆形或卵形，先端具 3 枚尖硬刺齿，基部圆形或近截形，两侧各具 1~2 刺齿，有时全缘（此情况常出现在卵形叶），叶面深绿色，具光泽；托叶胼胝质，宽三角形。花 4 基数，淡黄色，花序簇生于叶腋。核果球形，熟时鲜红色，基部具四角形宿存花萼，顶端宿存柱头盘状。

分布示意图：

用　途：

卫矛

别　名： 鬼见羽、鬼箭羽、艳龄茶、南昌卫矛、毛脉卫矛

科　属： 卫矛科 卫矛属

学　名： *Euonymus alatus*（Thunb.）Sieb.

形态特征： 灌木；小枝具 2~4 列宽阔木栓翅；冬芽圆形，芽鳞包被。叶对生，卵状椭圆形、窄长椭圆形，叶缘具细锯齿，两面光滑无毛。两性花白绿色，较小，1~3 朵成聚伞花序花；绿色萼片半圆形；白绿色花瓣近圆形；花盘发达，雄蕊着生花盘边缘处，花丝极短；子房半沉于花盘内。蒴果裂瓣椭圆状；种子外被橙红色假种皮，种子皮褐色或浅棕色。

分布示意图：

用　途：

冬青卫矛

别　名： 扶芳树、正木、大叶黄杨

科　属： 卫矛科 卫矛属

学　名： *Euonymus japonicus* Thunb.

形态特征： 常绿灌木；小枝四棱，具细微皱突，分枝及花序梗均扁壮。冬芽常较粗大。革质叶对生，叶表有光泽，倒卵形或椭圆形，叶缘具有浅细钝齿。聚伞花序，花白绿色；花瓣近卵圆形，雄蕊有较长的花丝，花药长圆状；子房每室2胚珠，着生中轴顶部。淡红色蒴果近球状，凹裂；椭圆状种子顶生，假种皮橘红色，全包种子。

分布示意图：

用　途：

白 杜

别　名： 丝绵木、桃叶卫矛、明开夜合、
丝棉木、华北卫矛、桃叶卫矛

科　属： 卫矛科 卫矛属

学　名： *Euonymus maackii* Rupr.

形态特征： 落叶小乔木。叶对生，卵状
椭圆形、卵圆形或窄椭圆形，叶缘具细锯
齿，有时极深而锐利；叶柄细长。淡白绿
色或黄绿色花 3 至多花成聚伞花序；花两
性，较小；雄蕊花丝细长，花药紫红色。
倒圆心状蒴果，成熟后果皮粉红色；长椭
圆状种子具橙红色假种皮，种皮棕黄色。

分布示意图：

用　途：

大果卫矛

别　名： 黄褚，梅风

科　属： 卫矛科 卫矛属

学　名： *Euonymus myrianthus* Hemsl.

形态特征： 常绿灌木，小枝圆柱形。革质叶对生，倒卵形、窄倒卵形或窄椭圆形，叶缘常呈波状或具明显钝锯齿，网状脉明显。聚伞花序多数序着生新枝顶端；两性花，较小，苞片早落；绿色萼片近圆形；黄色花瓣近倒卵形；花盘四角具圆形裂片；雄蕊着生裂片中央小突起上，花丝极短或无，花药"个"字着生；子房锥状，有短壮花柱。黄色蒴果倒卵状，约 1 cm 大小；假种皮橘黄色。

分布示意图：

用　途：

扶芳藤

别　　名: 爬行卫矛、胶东卫矛、文县卫矛、胶州卫矛、常春卫矛

科　　属: 卫矛科 卫矛属

学　　名: *Euonymus fortunei*（Turcz.）Hand.-Mazz.

形态特征: 常绿藤本灌木；小枝方棱不明显。薄革质叶对生，椭圆形、长方椭圆形或长倒卵形，宽窄变异较大，叶缘齿浅不明显，细脉不明显。白绿色花成聚伞花序，最终小聚伞花密集，分枝中央有单花；花4数，花盘方形；花丝细长，花药圆心形；子房粗壮明显，四棱。粉红色蒴果近球状，果皮光滑；棕褐色种子长方椭圆状，假种皮鲜红色，全包种子。

分布示意图:

用　　途:

苦皮藤

别　　名： 苦树皮、马断肠、老虎麻、棱枝南蛇藤、老麻藤

科　　属： 卫矛科 南蛇藤属

学　　名： *Celastrus angulatus* Maxim.

形态特征： 藤状灌木；小枝圆柱状，常具4~6纵棱，白色皮孔密生。近革质叶大，长方阔椭圆形、阔卵形、圆形，先端圆阔，中央具尖头；网状脉，在叶面明显突起；丝状托叶早落。聚伞圆锥花序顶生，下花序轴及小花轴光滑或被锈色短毛；小花梗较短，关节在顶部；花萼镊合状排列；长方形花瓣边缘不整齐；花盘肉质5浅裂；雄蕊着生花盘之下；雌蕊子房球状，柱头反曲。蒴果近球状，假种皮肉质红色。

分布示意图：

用　　途：

省沽油

别　名： 水条

科　属： 省沽油科 省沽油属

学　名： *Staphylea bumalda* DC.

形态特征： 落叶灌木，树皮色紫红或灰褐，有纵棱；枝条开展，绿白色三小叶成复叶对生，有托叶具长柄；小叶椭圆形、卵圆形或卵状披针形，先端具约 1 cm 长尖尾，叶缘有细锯齿，齿尖具尖头；叶面无毛，叶背青白色，主脉及侧脉有短毛。白色两性花成圆锥序顶生，直立；浅黄白色萼片长椭圆形，脱落；白色花瓣 5，倒卵状长圆形，较萼片稍大，花盘平截；雄蕊 5，花柱多数。蒴果薄膜质膀胱状，扁平；黄色种子近圆形，有光泽。

分布示意图：

用　途：

【 189 】

膀胱果

别　　名：大果省沽油

科　　属：省沽油科 省沽油属

学　　名：*Staphylea holocarpa* Hemsl.

形态特征：落叶灌木或小乔木，幼枝平滑，叶对生，有托叶，近革质 3 小叶成奇数羽状复叶，无毛；小叶长圆状披针形至狭卵形，基部钝，先端渐尖；叶表淡白色，叶缘有硬细锯齿；网状脉，侧脉 10；侧生小叶近无柄，顶生小叶具长柄。花白色或粉红色，广展成伞房花序，在叶后开放。花 5 基数，萼片花瓣近等长，花瓣直立，雄蕊 5。蒴果薄膜质，3 裂，梨形膨大的蒴果，基部狭，顶平截；种子近椭圆形，灰色，有光泽。

分布示意图：

用　　途：

野鸦椿

别　　名： 红椋、芽子木要、山海椒、小山辣子、鸡眼睛、鸡肾蚵、酒药花、福建野鸦椿、鸡肾果

科　　属： 省沽油科 野鸦椿属

学　　名： *Euscaphis japonica*（Thunb.）Dippel

形态特征： 落叶小乔木或灌木，灰褐色树皮具纵条纹；小枝及鳞芽红紫色，枝叶揉碎后发出恶臭气味。厚纸质叶对生，奇数羽状复叶，叶缘具疏短锯齿，齿尖有腺体，有小叶柄，小托叶线形。圆锥花序顶生，两性花，黄白色花多而密集，花萼片5宿存，花盘环状；花瓣5，椭圆形；雄蕊5，着生于花盘基部外缘。蓇葖1~3，基部有宿存的花萼，展开，革质；紫红色果皮有纵脉纹；黑色种子近圆形，假种皮肉质白色，有光泽。

分布示意图：

用　　途：

元宝槭

别　　名：槭、五脚树、平基槭、元宝树、元宝枫、五角枫、华北五角枫

科　　属：槭树科 槭属

学　　名：*Acer truncatum* Bunge

形态特征：落叶乔木；树皮深纵裂；小枝无毛，具圆形皮孔。卵圆形冬芽外被短柔毛。单叶纸质；常5裂，稀7裂；裂片三角卵形，全缘，多无毛；基脉5掌状，侧脉多显著。杂性花黄绿色，雄花与两性花同株，伞房花序顶生；萼片5黄绿色；花瓣5淡黄色或淡白色；雄蕊8生于花盘的内缘。淡黄色或淡褐色翅果，下垂成伞房果序；小坚果压扁状；翅长圆形，与小坚果等长，两翅成锐角或钝角。

分布示意图：

用　　途：

五角槭

别　　名： 地锦槭、水色树、色木槭

科　　属： 槭树科 槭属

学　　名： *Acer mono* Maxim.

形态特征： 落叶乔木。树皮粗糙，常纵裂。小枝圆柱形具圆形皮孔。冬芽小，边缘有纤毛。纸质叶，常 5 裂，有时 3 裂及 7 裂的叶生于同一树；裂片三角形，全缘；叶背叶脉上或脉腋被黄色短柔毛。顶生伞房花序；淡绿色花，杂性，雄花与两性花同株，先叶后花；黄绿色萼片 5，长圆椭圆形；淡白色花瓣 5，椭圆形，与萼片等长；雄蕊 8，球形花药黄色；子房有腺体。小坚果压扁状，嫩时紫绿色，熟时黄色或黄褐色；两翅开成锐角。

分布示意图：

用　　途：

鸡爪槭

别　名：七角枫

科　属：槭树科 槭属

学　名：*Acer palmatum* Thunb.

形态特征：落叶小乔木；枝条细弱张开，树冠伞形，树皮深灰色。多年生枝淡灰紫色或深紫色。叶纸质，5~9 掌状深裂，通常 7 裂，深达叶片直径的 1/2 或 1/3；叶基心形，裂片长圆卵形或披针形，叶缘具细锐重锯齿；叶背脉腋处被有白色丛毛。花紫色，杂性，雄花与两性花同株，伞房花序，先叶后花；暗红色萼片 5；花瓣紫色，雄蕊 8 短于花瓣。翅果嫩时紫红色，成熟时淡棕黄色；小坚果球形，脉纹显著；两翅张开成钝角。

分布示意图：

用　途：

茶条槭

别　　名：茶条、华北茶条槭

科　　属：槭树科 槭属

学　　名：*Acer ginnala* Maxim.

形态特征：落叶灌木或小乔木。树皮粗糙、微纵裂，灰色，稀深灰色或灰褐色。小枝细瘦，当年生枝绿色或紫绿色，多年生枝淡黄色或黄褐色，皮孔淡白色。冬芽细小。叶纸质，叶片长圆卵形或长圆椭圆形，常较深的 3~5 裂；叶面深绿色，叶背淡绿色，主脉和侧脉均在下面较在上面为显著；叶柄细瘦，绿色或紫绿色。伞房花序具多数的花；花梗细瘦。花杂性，雄花与两性花同株；萼片 5，黄绿色；花瓣 5，长圆卵形白色，较长于萼片；雄蕊 8，花药黄色。果实黄绿色或黄褐色；小坚果嫩时被长柔毛，脉纹显著，中段较宽或两侧近于平行，张开近于直立或成锐角。花期 5 月，果期 10 月。

分布示意图：

用　　途：

三角槭

别　　名： 三角枫、君范槭、福州槭、宁波三角槭

科　　属： 槭树科 槭属

学　　名： *Acer buergerianum* Miq.

形态特征： 落叶乔木。树皮褐色或深褐色，粗糙。当年生枝紫色或紫绿色，近于无；多年生枝淡灰色或灰褐色，稀被蜡粉。褐色冬芽鳞片内侧被长柔毛。纸质叶，椭圆形或倒卵形，常3浅裂；中央裂片三角卵形；叶背被白粉；叶柄淡紫绿色。花多数常成顶生被短柔毛的伞房花序，先叶后花；卵形萼片5黄绿色；淡黄色花瓣5，雄蕊与萼片等长或微短；子房密被淡黄色长柔毛。翅果黄褐色；小坚果显著凸起；两翅成锐角或近于直立。

分布示意图：

用　　途：

葛萝槭

别　　名： 长裂葛萝槭

科　　属： 槭树科 槭属

学　　名： *Acer grosseri* Pax

形态特征： 落叶乔木。纸质叶卵形，叶缘具密而尖锐的重锯齿，叶基近于心脏形，5 裂；中裂片三角形或三角状卵形，先端钝尖，有短尖尾；叶柄细瘦，无毛。单性花淡黄绿色，雌雄异株，常成细瘦下垂的总状花序；长圆卵形萼片 5，倒卵形花瓣 5；雄蕊 8；花盘无毛；无毛子房紫色。翅果嫩时淡紫色，成熟后黄褐色；小坚果略微扁平；翅连同小坚果长 2.0~2.5 cm，宽 5 mm，两翅张开成钝角或近于水平。

分布示意图：

用　　途：

血皮槭

别　名： 马梨光、陕西槭、秃梗槭

科　属： 槭树科 槭属

学　名： *Acer griseum*（Franch.）Pax

形态特征： 落叶乔木。树皮光滑，赤褐色，纸状的薄片脱落。3 小叶复叶，小叶纸质，菱形或椭圆形，先端钝尖，具粗钝锯齿；叶面嫩时有短柔毛，老时脱落；叶背略有白粉，有淡黄色疏柔毛，叶脉上更密；叶柄被疏柔毛，嫩时更密。聚伞花序有长柔毛具 3 花；淡黄色花；萼片长圆卵形；花瓣长圆倒卵形；雄蕊 10；子房有茸毛。小坚果黄褐色，密被黄色茸毛；两翅张开近于锐角或直角。

分布示意图：

用　途：

建始槭

别　　名： 三叶槭、亨氏槭、亨利槭树、
亨利槭、三叶枫

科　　属： 槭树科 槭属

学　　名： *Acer henryi* Pax

形态特征： 落叶乔木。树皮浅褐色或灰
褐色。嫩枝紫绿色被短柔毛，后无毛。3
小叶复叶，叶纸质；小叶椭圆形或长圆椭
圆形，全缘或顶端有3~5个钝锯齿；叶背
沿叶脉密被毛渐老时无毛；叶柄有短柔毛。
下垂状穗状花序；花序下无叶稀有叶；淡
绿色花单性，雄花与雌花异株；萼片卵形；
花瓣5，短小或不
发育；雄蕊（4）5
（6）；花盘微发育；
雌花的子房无毛，
柱头反卷。幼果
淡紫色，熟后黄
褐色，小坚果凸
起，两翅成锐角
或近于直立。

分布示意图：

用　　途：

【 199 】

梣叶槭

别　　名：复叶槭、美国槭、白蜡槭、糖槭

科　　属：槭树科 槭属

学　　名：*Acer negundo* Linn.

形态特征：落叶乔木。小枝圆柱形，光滑无毛，有白粉。奇数羽状复叶；小叶纸质 3~7，卵形至椭圆状披针形，叶缘常有 3~5 个粗锯齿，叶背脉腋有丛毛；主脉和 5~7 对侧脉均在叶背显著；顶生小叶 3 浅裂。雌雄异株，雄花序聚伞状，雌花序总状，均由无叶的小枝旁边生出，下垂。黄绿色花小，先叶开放，雄蕊 4~6 花丝很长。小坚果凸起，果翅长，两翅成锐角或近于直角。

分布示意图：

用　　途：

七叶树

别　　名：日本七叶树、浙江七叶树

科　　属：七叶树科 七叶树属

学　　名：_Aesculus chinensis_ Bunge

形态特征：落叶乔木，小枝圆柱形，有淡黄色的皮孔。冬芽大形，具 2 鳞片，有树脂。掌状复叶对生，叶柄长无托叶；小叶纸质，长圆披针形至长圆倒披针形，叶缘有钝尖形的细锯齿；中肋及侧脉在叶面上较显著，在叶背凸起或显著。花序圆筒形，花杂性，雄花与两性花同株，大形，不整齐；萼管状钟形；花瓣白色；雄蕊花丝线状无毛，花药淡黄色；在两性花中子房卵圆形。黄褐色果实球形，具很密的斑点。

分布示意图：

用　　途：

天师栗

别　名： 娑罗果、娑罗子、猴板栗

科　属： 七叶树科 七叶树属

学　名： *Aesculus wilsonii* Rehd.

形态特征： 落叶乔木，树皮平滑，常成薄片脱落。紫褐色小枝有白色圆形或卵形皮孔。冬芽具6~8枚鳞片，有树脂。掌状复叶对生，小叶叶缘有很密的、微内弯的、骨质硬头的小锯齿，叶背淡绿色，有灰色茸毛或长柔毛。圆筒形花序顶生直立。花有很浓的香味，杂性，雄花与两性花同株，雄花多生于花序上段，两性花生于其下段，不整齐；花萼管状；白色花瓣倒卵形，有黄色斑块；雄蕊伸出花外，长短不等；花盘微裂，子房有黄色茸毛。黄褐色蒴果，壳薄无刺，有斑点；栗褐色种子近于球形。

分布示意图：

用　途：

无患子

别　名: 洗手果、油罗树、目浪树、黄目树、苦患树、油患子、木患子

科　属: 无患子科 无患子属

学　名: *Sapindus mukorossi* Gaertn.

形态特征: 落叶大乔木。偶数羽状复叶；叶轴稍扁两侧有直槽；小叶常近对生，薄纸质，长椭圆状披针形或稍呈镰形，全缘；腹面有光泽，两面多无毛。聚伞圆锥花序大型顶生；花单性，雌雄同株或异株；花小，辐射对称；萼片 5 或 4，外侧 2 片较小；花瓣 5 披针形，有长爪，鳞片小耳状；花盘肉质碟状；雄蕊 8 伸出，花丝中部以下密被长柔毛；子房常 3 浅裂。果橙黄色近球形，深裂为 3 分果爿，果皮肉质，富含皂素。种皮骨质，黑色或淡褐色。

分布示意图:

用　途:

栾 树

别　名: 灯笼树、摇钱树、大夫树、灯笼果、黑叶树、石栾树、黑色叶树、乌拉胶、乌拉、五乌拉叶、栾华、木栾、马安乔

科　属: 无患子科 栾树属

学　名: *Koelreuteria paniculata* Laxm.

形态特征: 落叶乔木或灌木；树皮厚，老时纵裂；皮孔小，灰至暗褐色；小枝具疣点。一回、不完全二回或偶有为二回羽状复叶，小叶（7~）11~18，无柄或具极短的柄，对生或互生，纸质，卵形、阔卵形至卵状披针形，叶边缘有不规则的钝锯齿，齿端具小尖头；叶背脉腋具髯毛。聚伞圆锥花序大型，顶生，密被微柔毛；苞片狭披针形，被小粗毛；淡黄色花，稍芳香；萼裂片具腺状缘毛；花瓣 4 开花时向外反折，线状长圆形，被长柔毛，瓣片基部的鳞片初时黄色，花时橙红色；雄蕊 8 花丝下半部密被白色、开展的长柔毛；花盘偏斜，有圆钝小裂片；子房三棱形。蒴果圆锥形，具三棱，果瓣卵形，有网纹；种子黑色近球形，种皮脆壳质。

分布示意图:

用　途:

复羽叶栾

科　属：无患子科 栾树属

学　名：*Koelreuteria bipinnata* Franch.

分布示意图：

形态特征：乔木。叶平展，二回羽状复叶，小叶 9~17，多互生，纸质或近革质，斜卵形，叶缘具内弯小锯齿；叶轴和叶柄向轴面常有一纵行皱曲的短柔毛。圆锥花序大型，分枝广展，与花梗同被短柔毛；萼 5 裂达中部，裂片阔卵状三角形或长圆形，具短硬的缘毛及流苏状腺体，边缘呈啮蚀状；花瓣 4 长圆状披针形，瓣爪被长柔毛，2 鳞片深裂；子房三棱状长圆形。蒴果椭圆形或近球形，具 3 棱，淡紫红色，熟时褐色，顶端钝圆；有小凸尖，外具网状脉纹，内面有光泽；种子近球形。

用　途：

文冠果

别　名: 文冠树、木瓜、文冠花、崖木瓜、文光果

科　属: 无患子科 文冠果属

学　名: *Xanthoceras sorbifolium* Bunge

形态特征: 落叶灌木或小乔木；小枝粗壮，褐红色。奇数羽状复叶，小叶 4~8 对，膜质或纸质，披针形或近卵形，叶缘有锐利锯齿，顶生小叶通常 3 深裂；侧脉纤细，两面略凸起。总状花序，卵形苞片较大；雄花和两性花同株不同序，辐射对称；长圆形萼片，两面被灰色茸毛；白色花瓣 5，基部紫红色或黄色，具清晰的脉纹；花盘顶端具角状附属体；雄蕊 8，花丝无毛；子房 3 室，被灰色茸毛。蒴果具 3 棱角，背裂，果皮厚硬；种子扁球形，黑色而有光泽。

分布示意图:

用　途:

垂枝泡花树

科 属： 清风藤科 泡花树属

学 名： *Meliosma flexuosa* Pamp.

形态特征： 小乔木；芽、嫩枝、嫩叶中脉、花序轴均被淡褐色长柔毛，腋芽常两枚并生。膜质单叶倒卵形或倒卵状椭圆形，叶缘具疏有凸尖的粗锯齿，中脉伸出成凸尖；侧脉每边 12~18 条；叶柄上面具宽沟，基部稍膨大包裹腋芽。顶生圆锥花序弯垂，主轴及侧枝果时呈之形曲折。花白色；卵形萼片 5，外 1 片小，具缘毛；外 3 片花瓣近圆形，内面 2 片花瓣 2 裂，裂片叉开，顶端有缘毛，有时 3 裂则中裂齿微小。果近卵形，核极扁斜，具凸起细网纹，中肋锐凸起，从腹孔一边至另一边。

分布示意图：

用 途：

圆叶鼠李

别　名： 偶栗子、黑旦子、冻绿树、冻绿、山绿柴、迈氏鼠李

科　属： 鼠李科 鼠李属

学　名： *Rhamnus globosa* Bunge

形态特征： 灌木，稀小乔木；小枝对生或近对生，顶端具针刺，新枝被短柔毛。叶纸质或薄纸质，对生或近对生，稀兼互生，或于短枝上簇生，近圆形、倒卵状圆形或卵圆形，叶缘具圆齿状锯齿，叶面初时被密柔毛，后渐脱落，叶背全部或沿脉被柔毛；侧脉 3~4 对于叶面下陷，叶背凸起，网纹明显；叶柄密被柔毛；线状披针形托叶，宿存，有微毛。花单性异株，4 基数，常数个至 20 个簇生于短枝或长枝下部叶腋；有花瓣，花萼和花梗均有疏微毛。核果球形或倒卵状球形，萼筒宿存，熟时黑色；果梗有疏柔毛；种子黑褐色，背面或背侧有长为种子 3/5 纵沟。

分布示意图：

用　途：

薄叶鼠李

别　名： 细叶鼠李、蜡子树、白赤木、
白色木、郊李子

科　属： 鼠李科 鼠李属

学　名： *Rhamnus leptophylla* Schneid.

形态特征： 灌木，稀小乔木；小枝对生
或近对生，平滑无毛，有光泽。叶纸质，
对生或近对生，倒卵形至倒卵状椭圆形，
叶缘具圆齿或钝锯齿，两面近无毛，或叶
面沿中脉被疏毛，叶背仅脉腋有簇毛；网
脉不明显；叶柄面有小沟，无毛或被疏
短毛；托叶线形，早落。花单性异株；
有花瓣；雄花 10~20 个
簇生于短枝端；雌花数个
至 10 余个簇生于短枝端或
长枝下部叶腋，退化雄蕊
极小，花柱 2 裂。核果球
形，萼筒宿存，有 2~3 个
分核，熟时黑色；种子宽
倒卵圆形，背面具长为种
子 2/3~3/4 的纵沟。

分布示意图：

用　途：

【 209 】

冻 绿

别　名: 红冻、油葫芦子、狗李、黑狗丹、绿皮刺、冻木树、冻绿树、冻绿柴、大脑头、鼠李

科　属: 鼠李科 鼠李属

学　名: *Rhamnus utilis* Decne.

形态特征: 灌木或小乔木;幼枝无毛,枝端具针刺。叶纸质,椭圆形、矩圆形或倒卵状椭圆形,先端突尖或锐尖,叶缘具细或圆齿,叶背沿脉或脉腋有金黄色柔毛;侧脉两面均凸起,网脉明显;披针形托叶宿存。花单性异株,4基数,具花瓣;雄花数个簇生于叶腋,或 10~30 余朵聚生小枝下部;雌花 2~6 个簇生于叶腋或小枝下部。核果圆球形或近球形,熟时黑色,萼筒宿存;种子背侧基部有短沟。

分布示意图:

用　途:

北枳椇

别　名： 甜半夜、拐枣、枳椇子、鸡爪梨、
枳椇

科　属： 鼠李科 枳椇属

学　名： *Hovenia dulcis* Thunb.

形态特征： 高大乔木；小枝褐色或黑紫色，具不明显的皮孔。叶纸质或厚膜质，卵圆形、宽矩圆形或椭圆状卵形，叶缘有不整齐的锯齿或粗锯齿，稀具浅锯齿，无毛或仅下面沿脉被疏短柔毛；叶柄无毛。花黄绿色，排成不对称的顶生，稀兼腋生的聚伞圆锥花序；花序轴和花梗均无毛；萼片卵状三角形，具纵条纹或网状脉；花瓣倒卵状匙形；花盘边缘被柔毛或上面被疏短柔毛；子房球形。浆果状核果近球形，黑色；花序轴结果时稍膨大；种子深栗色或黑紫色。花期 5~7 月，果期 8~10 月。

分布示意图：

用　途：

猫 乳

别　名： 长叶绿柴、山黄、鼠矢枣

科　属： 鼠李科 猫乳属

学　名： *Rhamnella franguloides*（Maxim.）Weberb.

分布示意图：

形态特征： 落叶灌木或小乔木；幼枝被柔毛。叶倒卵状椭圆形、矩圆形，长椭圆形，顶端基部圆形，稍偏斜，叶缘具细锯齿；叶背被柔毛，侧脉 8~11（~13）对；叶柄被密柔毛；披针形托叶宿存，基部与茎离生。黄绿色花，两性，6~18 组成腋生聚伞花序；萼片三角状卵形，边缘被疏短

用　途：

毛；花瓣宽倒卵形，顶端微凹；花梗被疏毛或无毛。核果圆柱形，熟时红色或橘红色，干后黑色或紫黑色。

多花勾儿茶

别　名： 牛鼻角秧、牛鼻拳、扁担果、扁担藤、金刚藤、牛儿藤、牛鼻圈、勾儿茶

科　属： 鼠李科 勾儿茶属

学　名： *Berchemia floribunda*（Wall.）Brongn.

形态特征： 藤状或直立灌木；幼枝黄绿色，平滑无毛。叶纸质，卵形或卵状椭圆形至卵状披针形，顶端尖锐，下部叶较大，顶钝或圆形，叶面绿色，两面无毛，或仅叶背沿脉基部被短柔毛；侧脉 9~12 对；叶柄无毛。托叶狭披针形，宿存。花朵数，数个簇生成顶生聚伞圆锥花序或腋生聚伞总状花序，花序长可达 15 cm，无毛或被疏微毛；萼三角形，花瓣倒卵形，与雄蕊等长。核果圆柱状椭圆形，基部有盘状宿存花盘，熟时紫红色或黑色。

分布示意图：

用　途：

铜钱树

别　　名： 鸟不宿、钱串树、金钱树、摇钱树、刺凉子

科　　属： 鼠李科 马甲子属

学　　名： *Paliurus hemsleyanus* Rehder

形态特征： 乔木，稀灌木；小枝黑褐色或紫褐色，无毛。纸质或厚纸质叶互生，宽椭圆形，卵状椭圆形或近圆形，叶缘具圆锯齿或钝细锯齿，两面无毛，基生三出脉；叶柄长 0.6~2 cm，近无毛或仅上面被疏短柔毛；但幼树叶柄基部有 2 个斜向直立的针刺。聚伞花序或聚伞圆锥花序；萼片三角形或宽卵形；花瓣匙形；雄蕊长于花瓣；花盘五边形，5 浅裂；花柱 3 深裂；核果草帽状，周围具革质宽翅，红褐色或紫红色。

分布示意图：

用　　途：

枣

别　名：老鼠屎、贯枣、枣子树、红枣树、大枣、枣子、枣树、扎手树、红卵树

科　属：鼠李科 枣属

学　名：*Ziziphus jujuba* Mill.

形态特征：落叶小乔木，稀灌木；小枝呈"之"字形曲折，具2个托叶刺，长刺粗直，短刺下弯；矩状短枝短粗。纸质叶互生，卵形，卵状椭圆形，或卵状矩圆形；叶缘具圆齿状锯齿，基生三出脉；托叶刺纤细，后无。黄绿色花两性，5基数，无毛，单生或2~8个密集成腋生聚伞花序；萼片卵状三角形；花瓣倒卵圆形，基部有爪，与雄蕊等长；肉质圆形花盘厚，5裂；子房下与花盘合生。核果矩圆形或长卵圆形，熟时红色，后变红紫色，中果皮肉质，味甜可食，核顶端锐尖；种子扁椭圆形。

分布示意图：

用　途：

【 215 】

酸 枣

别 名： 山枣树、硬枣、角针、酸枣树、棘

科 属： 鼠李科 枣属

学 名： *Ziziphus jujuba var. spinosa* （Bunge）Hu ex H. F. Chow

形态特征： 常为灌木，小枝呈"之"字形曲折。纸质叶互生，卵形，较枣小；叶缘具圆齿状锯齿，基生三出脉明显。黄绿色花两性，5 基数，腋生聚伞花序，花盘肉质，雄蕊着生于花瓣间，花盘肥厚明显，5 裂。核果小，近球形或短矩圆形，直径 0.7~1.2 cm，中果皮薄，味酸，核两端钝。

分布示意图：

用 途：

五叶地锦

别　　名： 美国地锦、美国爬山虎、五叶爬山虎

科　　属： 葡萄科 地锦属

学　　名： *Parthenocissus quinquefolia*（L.）Planch.

形态特征： 木质藤本。小枝无毛；嫩芽为红或淡红色；卷须总状分枝，嫩时顶端尖细卷曲，遇附着物扩大成吸盘。5小叶掌状复叶，小叶倒卵圆形、倒卵椭圆形或外侧小叶椭圆形，叶缘有粗锯齿。圆锥状多歧聚伞花序主轴明显；花蕾椭圆形；子房卵锥形，渐狭至花柱。果球形，有种子1~4枚。

分布示意图：

用　　途：

蓝果蛇葡萄

别　　名： 闪光蛇葡萄、蛇葡萄

科　　属： 葡萄科 蛇葡萄属

学　　名： *Ampelopsis bodinieri* (Lév. & Vant.) Rehd.

分布示意图：

形态特征： 木质藤本。小枝圆柱形，有纵棱纹。卷须2叉分枝，隔2节间断与叶对生。单叶，卵圆形或卵椭圆形，不分裂上部微3浅裂，两侧裂片短或不明显；具浅齿，两面无毛，基出脉5，侧脉4~6对，网脉两面均不明显。复二歧聚伞花序，疏散，花序梗、花梗无毛；花蕾椭圆形，萼

用　　途：

浅碟形，萼齿不明显；子房圆锥形，花柱明显。果实近球圆形，种子倒卵椭圆形，中棱脊突出，两侧洼穴呈沟状，向上达种子中部以上。

【 218 】

葎叶蛇葡萄

别　　名：葎叶白蔹、小接骨丹、七角白蔹

科　　属：葡萄科 蛇葡萄属

学　　名：*Ampelopsis humulifolia* Bge.

形态特征：木质藤本。小枝圆柱形，有纵棱纹。单叶，3~5 浅裂或中裂，稀混生不裂者，心状五角形或肾状五角形，叶缘有粗锯齿，通常齿尖，叶背粉绿色。多歧聚伞花序与叶对生，花蕾卵圆形；萼碟形；花瓣卵椭圆形，花盘明显，波状浅裂；子房下部与花盘合生。果实近球形；种子倒卵圆形，两侧洼穴呈椭圆形，从下部向上斜展达种子上部 1/3 处。

分布示意图：

用　　途：

【 219 】

刺葡萄

科　属: 葡萄科 葡萄属

学　名: *Vitis davidii*（Roman. du Caill.）Föex.

形态特征: 木质藤本。小枝圆柱形，被皮刺，刺长 2~4 mm。叶卵圆形或卵椭圆形，叶基心形凹成钝角，每边有 12~33 锐齿，不分裂或微三浅裂，两面无毛，基出 5 脉，叶背脉上常疏生小皮刺。花杂性异株；圆锥花序与叶对生，花序梗、花梗无毛；花蕾倒卵圆形；花萼碟形，不明显 5 浅裂；花瓣呈帽状黏合脱落；花盘发达；雌蕊子房圆锥形，柱头扩大。果实球形，熟时紫红色；种子倒卵椭圆形，腹面两侧洼穴向上达种子 3/4 处。

分布示意图:

用　途:

葡 萄

别　　名：蒲陶、草龙珠、赐紫樱桃、菩提子、山葫芦

科　　属：葡萄科 葡萄属

学　　名：*Vitis vinifera* L.

形态特征：木质藤本。小枝有纵棱纹。卷须 2 叉分枝。叶宽卵圆形，3~5 浅裂或中裂，先端急尖，裂片常靠合，裂缺狭窄，叶基深心形凹成圆形，两侧常靠合，边缘有 22~27 个锯齿，齿深而粗大；基生脉 5 出，中脉有侧脉 4~5 对。圆锥花序密集或疏散，多花，与叶对生。花蕾倒卵圆形；萼浅碟形，边缘呈波状；花瓣呈帽状黏合脱落；果实球形或椭圆形；种子倒卵椭圆形，侧洼穴宽沟状，向上达种子 1/4 处。

分布示意图：

用　　途：

扁担杆

别　名： 扁担木、孩儿拳头

科　属： 锦葵科 扁担杆属

学　名： *Grewia biloba* G. Don

形态特征： 灌木或小乔木，多分枝；嫩枝被粗毛。薄革质叶，椭圆形或倒卵状椭圆形，先端锐尖，基部楔形或钝，叶缘具细锯齿，两面具稀疏星状粗毛；叶柄被粗毛；托叶钻形。花两性，辐射对称，聚伞花序腋生，多花；苞片钻形；萼片狭长圆形，被毛；5 花瓣淡黄色小，子房有毛，花柱与萼片等长，柱头盘状，有浅裂。核果红色，2 裂。

分布示意图：

用　途：

木芙蓉

别　　名： 酒醉芙蓉、芙蓉花、重瓣木芙蓉

科　　属： 锦葵科 木槿属

学　　名： *Hibiscus mutabilis* Linn.

形态特征： 落叶灌木或小乔木；小枝、叶柄、花梗和花萼均密被星状毛及细绵毛。叶互生，掌状分裂，叶宽卵形至圆卵形或心形，裂片三角形，具钝圆锯齿，两面被毛，掌状叶脉；花两性，5 基数，花单生于枝端叶腋间，花梗近端具节；小苞片线形，密被星状绵毛；萼钟形，5 齿裂；花瓣 5，白色、淡红或深红色，外面被毛，基部具髯毛；雄蕊柱无毛；花柱枝 5 裂疏被毛。蒴果扁球形，被淡黄色刚毛和绵毛，开裂；种子肾形，背面被长柔毛。

分布示意图：

用　　途：

木 槿

别　名：喇叭花、朝天暮落花、荆条、木棉、朝开暮落花、白花木槿、鸡肉花、白饭花、篱障花、大红花

科　属：锦葵科 木槿属

学　名：*Hibiscus syriacus* Linn.

形态特征：落叶灌木，小枝、叶柄、花梗、苞片及花萼均被茸毛。单叶互生，菱形至三角状卵形，先端钝，基部楔形，边缘具不整齐齿缺；托叶线形。花单生于枝端叶腋间，花梗被星状短茸毛；小苞片线形；花萼钟形；花钟形，淡紫色花瓣倒卵形，外面疏被纤毛和星状长柔毛；花柱枝无毛。蒴果卵圆形，密被黄色星状茸毛；种子肾形，背部被黄白色长柔毛。

分布示意图：

用　途：

梧 桐

别　　名：青桐

科　　属：梧桐科 梧桐属

学　　名： *Firmiana platanifolia* （Linn. f.）
Marsili

形态特征：落叶乔木；树皮青绿而平滑。
叶心形，掌状 3~5 裂，裂片三角形，基生
脉 7 条，叶柄与叶片等长。花淡黄绿色，
圆锥花序顶生；萼 5 深裂，萼片条形且向
外卷曲，被柔毛；花梗与花几等长；雄花
的雌雄蕊柄与萼等长，花药 15 个，聚集
其顶端。蓇葖果膜质，有柄，成熟前开裂
成叶状，每个蓇葖果有种子 2~4 个；种子圆球形，表面有皱纹。

分布示意图：

用　　途：

葛枣猕猴桃

别　名：葛枣子、木天蓼

科　属：猕猴桃科 猕猴桃属

学　名：*Actinidia polygama*（Sieb & Zucc.）
Maxim.

形态特征： 大型落叶藤本；小枝髓白色，
实心。单叶膜质至薄纸质，卵形或椭圆卵
形，顶叶缘具细锯齿，叶面及叶背中脉着
生小刺毛，叶脉较发达，于叶背呈圆线形，
横脉显著。雄花 1~3，成聚伞花序，花序
梗及花梗被毛，中部具节；雌花单生。白
色花芳香；萼片（4）5 卵形至长方卵形；
花瓣 5 倒卵形至长方
倒卵形，最外 2~3 枚
的背面有时略被微茸
毛；花药黄色，卵形
箭头状。浆果卵珠形
或柱状卵珠形，淡橘
色，具喙，萼片宿存。

分布示意图：

用　途：

中华猕猴桃

别　　名： 猕猴桃、藤梨、羊桃藤、羊桃、阳桃、奇异果、几维果

科　　属： 猕猴桃科 猕猴桃属

学　　名： *Actinidia chinensis* Planch.

形态特征： 大型落叶藤本；幼枝及叶柄被灰白色茸毛、褐色长硬毛或铁锈色硬刺毛，老时秃净，具长圆形皮孔，有时不明显；片层状髓白色至淡褐色。单叶纸质，倒阔卵形至倒卵形或阔卵形至近圆形，顶端平截中间凹入或具尖，叶缘具睫状小齿，叶背苍绿色，密被星状茸毛。苞片小、萼片（3~）5（~7），均被黄褐色茸毛；花瓣（3~）5（~7）初时白色后变淡黄色；雄蕊多；子房密被金黄色茸毛或刷毛状糙毛。浆果黄褐色，近球形，被茸毛，具斑点，宿存萼片反折。

分布示意图：

用　　途：

刚毛藤山柳

别　名: 藤山柳、变异藤山柳、广西藤山柳、贵州藤山柳、银花藤山柳、榄叶藤山柳、四川藤山柳、南川藤山柳、厚叶藤山柳、粗毛藤山柳、多脉藤山柳、心叶藤山柳

科　属: 猕猴桃科 藤山柳属

学　名: *Actinidia chinensis* Maxim.

形态特征: 木质藤本,老枝黑褐色;小枝被刚毛。单叶纸质,卵形、长圆形、披针形或倒卵形,叶缘有胼胝质睫状小锯齿,叶脉及叶柄上有刚毛,背面被细茸毛。白色花 3~6 朵成聚伞花序被毛;小苞片披针形被细茸毛;萼片矩卵形;花瓣瓢状倒矩卵形,花丝短粗,花后向内卷,使花药倒转,花柱圆柱形,具5 条细条纹。蒴果浆果状,顶端具宿存花柱,种子倒三角形。

分布示意图:

用　途:

金丝桃

别　名： 狗胡花、金线蝴蝶、过路黄、
金丝海棠、金丝莲

科　属： 藤黄科 金丝桃属

学　名： *Hypericum monogynum* L.

形态特征： 灌木，丛状，枝条张开，具
腺体。单叶对生，无柄或具短柄，叶片倒
披针形或椭圆形至长圆形，叶缘平坦，坚
纸质，叶背较叶面色浅，主侧脉 4~6 对，
叶片腺体小而点状。花两性，疏松的近伞
房状。花蕾卵珠形，花星状；萼片有腺体。
金黄色至柠檬黄色花瓣，开张。雄蕊联合
成束，与花瓣几等长。
子房卵珠形或卵珠状
圆锥形至近球形；花
柱合生，柱头小。蒴
果多宽卵珠形。种子
深红褐色。

分布示意图：

用　途：

【 229 】

柽 柳

别　名： 三春柳、西湖杨、观音柳、红筋条、红荆条、红柳、香松

科　属： 柽柳科 柽柳属

学　名： *Tamarix chinensis* Lour.

形态特征： 小乔木或灌木；枝条有两种：一种是木质化的生长枝，经冬不落，一种是绿色营养小枝，冬天脱落。老枝直立，幼枝稠密细弱，开展且下垂，红紫色或暗紫红色，有光泽。叶小鳞片状，互生，鲜绿色，上部绿色营养枝上的叶钻形或卵状披针形，半贴生，先端内弯，背面有龙骨状突起。每年开花 2~3 次。春季总状花序侧生在去年生木质化的小枝上，粉红色花大而少，纤弱点垂；夏秋季总状花序，较春生者细；花较春季者略小，密生；花梗纤花瓣卵状椭圆形或椭圆形，裂片再裂成 10 裂片状，紫红色，肉质；雄蕊 5，花丝着生于花盘裂片间；花柱 3，棍棒状。蒴果圆锥形。

分布示意图：

用　途：

山桐子

别　　名： 水冬瓜、水冬桐、椅树、椅桐、斗霜红、椅

科　　属： 大风子科 山桐子属

学　　名： *Idesia polycarpa* Maxim.

形态特征： 落叶乔木；小枝细而脆，有明显的皮孔，新枝紫绿色，被淡黄色的长毛。单叶薄革质或厚纸质，互生，大型，掌状 5 出脉，叶缘有粗齿，齿尖有腺体；叶背有白粉。圆锥花序顶生或腋生，下垂，花单性，雌雄异株；黄绿色花，具芳香，无花瓣，雄花雄蕊多数，不等长花丝着生于花盘上；雌花比雄花稍小，退化雄蕊多数，花丝短或缺。扁球形浆果熟时紫红色；圆形种子红棕色。

分布示意图：

用　　途：

山拐枣

别　名： 南方山拐枣

科　属： 大风子科 山拐枣属

学　名： *Poliothyrsis sinensis* Oliv.

形态特征： 落叶乔木；灰白色小枝性脆，芽鳞及幼枝被毛。单叶厚纸质，互生，中型大，卵形至卵状披针形，基出脉3，叶缘有浅钝齿，叶柄红色。花单性同序，圆锥花序顶生，顶端多为雌花，无花瓣，萼片5卵形，外面有浅灰色毛，内面有紫灰色毛；雄花位于花序的下部，较雌花小，雄蕊多数，长短不一。蒴果纺锤形，外果皮革质，被灰色毡毛；种子多数，周围有翅。

分布示意图：

用　途：

结 香

别　名： 黄瑞香、打结花、雪里开、梦花、雪花皮、山棉皮、蒙花、三叉树、三桠皮、岩泽兰、金腰带

科　属： 瑞香科 结香属

学　名： *Edgeworthia chrysantha* Lindl.

形态特征： 落叶灌木，褐色小枝粗壮，常3叉分枝，棕红或褐色，幼枝被柔毛，韧皮极坚韧，叶痕大，直径约5 mm。单叶互生,纸质,长圆形,披针形至倒披针形,两面均被银灰色绢状毛。先叶后花，叶于花前凋落；头状花序顶生或侧生；黄色花30~50朵，结成绒球状，芳香，无梗，子房椭圆形，顶部丛生白色丝状毛，花柱线形，膜质花盘浅杯状。绿色果椭圆形，顶端被毛。花期冬末春初，果期春夏间。

分布示意图：

用　途：

胡颓子

别　名：蒲颓子、半含春、卢都子、雀儿酥、甜棒子、牛奶子根、石滚子、四枣、半春子、柿模、三月枣、羊奶子

科　属：胡颓子科 胡颓子属

学　名：*Elaeagnus pungens* Thunb.

形态特征：常绿直立灌木，具刺，棘刺顶生或腋生，深褐色；幼枝微扁棱形，密被锈色鳞片后脱落变黑色，具光泽。单叶互生革质，椭圆形或阔椭圆形，叶缘微反卷或皱波状，上面幼时具银白色和少数褐色鳞片，下面密被鳞片，侧脉 7~9 对，叶表凸起；叶柄深褐色。花两性白色，下垂，密被鳞片，着生于叶腋锈色短小枝上；雄蕊花丝短；花柱直立，长于雄蕊。坚果椭圆形，幼时被褐色鳞片，熟时红色，果核内面具白色丝状棉毛。

分布示意图：

用　途：

紫　薇

别　名: 痒痒花、痒痒树、紫金花、紫兰花、蚊子花、西洋水杨梅、百日红、无皮树

科　属: 千屈菜科 紫薇属

学　名: *Lagerstroemia indica* L.

形态特征: 落叶灌木或小乔木；树皮平滑，灰色或灰褐色；枝干多扭曲，小枝纤细且具4棱。单叶互生或有时对生，纸质，椭圆形、阔矩圆形或倒卵形，侧脉3~7对，小脉不明显；无柄或叶柄很短。花淡红色或紫色、白色，顶生圆锥花序；中轴及花梗均被柔毛；花萼革质，幼时具棱；花瓣6皱缩，具长爪；雄蕊6至多数，花丝细且不等长；花柱长。木质蒴果椭圆状球形或阔椭圆形，基部有宿存的花萼包围，室背开裂；种子有翅。

分布示意图:

用　途:

石 榴

别　名： 若榴木、丹若、山力叶、安石榴、花石榴

科　属： 千屈菜科 石榴属

学　名： *Punica granatum* L.

形态特征： 落叶灌木或乔木，枝顶具尖锐长刺，幼枝具棱角。叶多对生，纸质，矩圆状披针形，叶面光亮，侧脉稍细密；叶柄短。花大，1~5 朵生枝顶；萼筒明显，常红色或淡黄色，裂片略外展，卵状三角形，近顶端具 1 黄绿色腺体，边缘有小乳突；花瓣较大，红色、黄色或白色；花丝无毛；花柱长于雄蕊。浆果近球形，通常为淡黄褐色或淡黄绿色，有时白色，稀暗紫色。种子多数，红色至乳白色，可食用。

分布示意图：

用　途：

喜 树

别　名： 千丈树、旱莲木、薄叶喜树

科　属： 蓝果树科 喜树属

学　名： *Camptotheca acuminata* Decne.

形态特征： 高大落叶乔木。树皮灰色，浅纵裂成沟状。当年生枝紫绿色，被灰色微柔毛，多年生枝无毛具稀疏皮孔。叶互生，纸质，矩圆状卵形或矩圆状椭圆形，全缘，叶面亮绿色，叶背淡绿色，疏生短柔毛，中脉于叶面微凹叶背凸起，侧脉11~15 对，显著；叶柄上面扁平或略呈浅沟状。头状花序近球形，常数个组成圆锥花序，顶生或腋生，常雌花序上雄花序下，花杂性，同株；苞片三角状卵形；花萼杯状，5 浅裂，边缘睫毛状；花瓣淡绿色，矩圆形或矩圆状卵形，外面密被短柔毛，早落；雄蕊常长于花瓣，花柱无毛。翅果矩圆形，顶端具宿存的花盘，两侧具窄翅。

分布示意图：

用　途：

八角枫

别　名： 枢木、华瓜木、豆腐柴

科　属： 八角枫科 八角枫属

学　名： *Alangium chinense*（Lour.）Harms

形态特征： 落叶乔木或灌木；小枝略呈"之"字形，幼枝紫绿色。单叶互生，纸质，叶基常不对称，掌状分裂，裂片短锐尖或钝尖，基出脉 3~5（~7），成掌状，侧脉 3~5 对；叶柄紫绿色或淡黄色。聚伞花序腋生，小苞片线形或披针形，常早落；总花梗常分节；花冠圆筒形，花萼顶端分裂为 5~8 枚齿状萼片；花瓣初时白色，后变黄，线形，上部开花后反卷；雄蕊和花瓣同数且近等长；花盘近球形；子房 2 室，柱头头状。核果卵圆形，幼时绿色，熟后黑色，顶端有宿存的萼齿和花盘，种子 1 颗。

分布示意图：

用　途：

【 238 】

八角金盘

别　名：手树

科　属：五加科 八角金盘属

学　名：*Fatsia japonica*（Thunb.）Decne. & Planch.

形态特征：常绿灌木或小乔木，茎光滑无刺。单叶，叶片大，革质，近圆形，掌状深裂7~9，裂片长椭圆状卵形，叶缘具疏离粗锯齿，叶背有颗粒状突起，叶缘有时呈金黄色，侧脉在两面隆起，网脉于叶背稍显著，托叶不明显。花两性，黄白色，聚生为伞形花序，再组成顶生圆锥花序；花序轴被褐色茸毛，花梗无关节；花5基数；萼筒近全缘；花瓣在花芽中镊合状排列；雄蕊花丝与花瓣等长；子房下位；花柱离生；花盘隆起。果实卵形,熟时黑色。

分布示意图：

用　途：

通脱木

别　名：天麻子、木通树、通草、大通草

科　属：五加科 通脱木属

学　名：_Tetrapanax papyrifer_（Hook.）K. Koch

形态特征：常绿灌木或小乔木；树皮深棕色，略有皱裂；新枝有明显叶痕和大形皮孔，幼时密生黄色星状厚茸毛，叶背、托叶、叶柄、花梗、萼片、花瓣均密被星状毛。单叶大，集生茎顶；掌状 5~11 裂，裂片常为叶片全长的 1/3 或 1/2，倒卵状长圆形或卵状长圆形，通常再分裂为 2~3 小裂片，叶全缘或疏生粗齿；叶柄粗壮；托叶和叶柄基部合生；花两性，成伞形花序；小苞片线形；花淡黄白色；萼边缘全缘或近全缘；花瓣三角状卵形；雄蕊和花瓣同数；花柱离生，先端反曲。浆果状核果球形，紫黑色。

分布示意图：

用　途：

刺楸

别　名：刺桐、刺枫树、鼓钉刺

科　属：五加科 刺楸属

学　名：*Kalopanax septemlobus*（Thunb.）Koidz.

分布示意图：

形态特征：落叶乔木，小枝散生粗刺。单叶纸质，于长枝上互生，于短枝上簇生，圆形或近圆形掌状 5~7 浅裂，长不及全叶片的 1/2，叶基心形，叶缘有细锯齿，放射状主脉 5~7 条，两面均明显；叶柄细长。花两性，白色或淡绿黄色；聚生为伞形花序再组成顶生圆锥花序；总花梗、花梗细长；萼无毛；花瓣三角状卵形；子房花盘隆起；花柱合生成柱状，柱头离生。果实球形，蓝黑色。

用　途：

细柱五加

别　名： 五叶木、白刺尖、五叶路刺、白簕树、五加皮、南五加、真五加皮、五加、柔毛五加、短毛五加、糙毛五加、大叶五加

科　属： 五加科 五加属

学　名： *Acanthopanax gracilistylus* W.W.Smith

形态特征： 灌木；枝灰棕色软弱而下垂，蔓生状，无毛，节上通常疏生反曲扁刺。掌状复叶，小叶 5，稀 3~4，于长枝上互生，于短枝上簇生；叶柄无毛，常有细刺；小叶片膜质至纸质，倒卵形至倒披针形，两面无毛或沿脉疏生刚毛，叶缘有细钝齿，侧脉 4~5 对，两面均明显，叶背脉腋间有淡棕色簇毛，小叶几无柄。花黄绿色，多数成伞形花序；总花梗无毛；花梗细长；花 5 基数，萼边缘近全缘或有 5 小齿；花瓣长圆状卵形；花丝长 2 mm；子房 2 室；花柱 2，细长。黑色果实扁球形；花柱宿存且反曲。

分布示意图：

用　途：

楤 木

别　名：刺老鸦、刺龙牙、龙牙楤木、刺嫩芽、湖北楤木、安徽楤木

科　属：五加科 楤木属

学　名：*Aralia chinensis* Linn

形态特征：灌木或小乔木，小枝灰棕色，疏生多数细刺。叶大，二回或三回羽状复叶；托叶和叶柄基部合生，先端离生部分线形；叶轴和羽片轴基部通常有短刺；羽片有小叶 7~11，基部有小叶 1 对；小叶片薄纸质或膜质，阔卵形、卵形至椭圆状卵形，无毛或两面脉上有短柔毛和细刺毛，叶缘疏生锯齿。花黄白色，圆锥花序伞房状；苞片和小苞片披针形，膜质；萼无毛，边缘有 5 个卵状三角形小齿；花瓣 5，卵状三角形，开花时反曲。黑色果实球形，有 5 棱。

分布示意图：

用　途：

【 243 】

青荚叶

别　名： 大叶通草、叶上珠

科　属： 山茱萸科 青荚叶属

学　名： *Helwingia japonica*（Thunb.）
F. Dietr.

形态特征： 落叶灌木；幼枝绿色，叶痕显著。单叶互生，纸质，多卵形、卵圆形，叶缘具刺状细锯齿；叶面亮绿色；中脉及侧脉叶叶面微凹陷，于叶背微突；托叶线状分裂。花小，淡绿色，雌雄异株，3~5 数，花萼小，花瓣镊合状排列；雄花4~12，伞形或密伞花序，多着生于叶面中脉 1/2~1/3 处；雄蕊3~5，生于花盘内侧；雌花 1~3 枚，着生于叶面中脉的 1/2~1/3处；子房卵圆形或球形，柱头 3~5 裂。浆果幼时绿色，熟后黑色，分核 3~5 枚。

分布示意图：

用　途：

灯台树

别　名： 六角树、瑞木

科　属： 山茱萸科 山茱萸属

学　名： *Bothrocaryum controversum*（Hemsl.）Pojark.

形态特征： 落叶乔木，小枝常对生，具半月形叶痕和圆形皮孔。叶互生，纸质，阔卵形、阔椭圆状卵形或披针状椭圆形，叶面黄绿色，叶背灰绿色，密被淡白色平贴短柔毛，中脉微紫红色，侧脉 6~7 对，弓形内弯；叶柄紫红绿色，无毛。花小，白色，成伞房状聚伞花序，顶生，先花后叶；花 4 基数，花萼裂片三角形；花瓣长圆披针形；雄蕊与花瓣互生稍伸出花外；花盘垫状；花柱圆柱形，柱头小，头状，淡黄绿色；子房下位，花托密被灰白色贴生短柔毛；花梗淡绿色。核果球形，熟时紫红色至蓝黑色；核骨质，球形，略有 8 条肋纹。

分布示意图：

用　途：

红瑞木

别　名：凉子木、红瑞山茱萸、欧洲红瑞木

科　属：山茱萸科 山茱萸属

学　名：*Swida alba Opiz*

形态特征：灌木；树皮紫红色；幼枝初被短柔毛，后被蜡状白粉，老枝红白色，散生环形叶痕。叶对生，纸质，多椭圆形，全缘或波状反卷，叶背粉绿色，被白色贴生短柔毛；两面网脉微显。花小，白色或淡黄白色，成伞房状聚伞花序，顶生，较密，被白色短柔毛；花4基数，花萼裂片尖三角形；花瓣卵状椭圆形；花盘垫状；花柱圆柱形，花托倒卵形，被贴生灰白色短柔毛；花梗纤细，与子房交接处有关节。核果长圆形，熟时乳白色或蓝白色，花柱宿存。

分布示意图：

用　途：

【 246 】

梾木

别　名： 椋子木、凉子、冬青果、毛梗梾木

科　属： 山茱萸科 山茱萸属

学　名： *Swida macrophylla*（Wall.）*Sojak*

形态特征： 乔木；幼枝粗壮有棱角，老枝具皮孔及半环形叶痕。冬芽密被黄褐色的短柔毛。叶对生，纸质，阔卵形或卵状长圆形，叶缘略有波状小齿，叶背被白色平贴短柔毛，沿叶脉有淡褐色小柔毛，侧脉 5~8 对，网脉两面明显；叶柄基部略呈鞘状。花白色，芳香，成伞房状聚伞花序顶生；总花梗红色，花 4 基数，萼裂片宽三角形；花瓣质地稍厚，舌状长圆形或卵状长圆形；雄蕊与花瓣等长或稍伸出花外；花盘垫状，边缘波状；柱头扁平，花托密被灰白色短柔毛。核果近于球形，熟时黑色。

分布示意图：

用　途：

毛梾

别　名： 小六谷、车梁木

科　属： 山茱萸科 山茱萸属

学　名： *Swida walteri*（Wanger.）sojak

形态特征： 落叶乔木；树皮厚，黑褐色，纵裂而又横裂成块状；幼枝对生，略有棱角，密被贴生灰白色短柔毛。单叶对生，纸质，椭圆形、长圆椭圆形或阔卵形，叶背密被短柔毛，侧脉4（~5）对，网脉明显。花白色，有香味，成伞房状聚伞花序顶生，花密，被灰白色短柔毛；花4基数；花萼绿色，裂片齿状三角形，外被黄白色短柔毛；花瓣长圆披针形，外侧被贴生短柔毛；花盘明显，垫状或腺体状；花柱棍棒形。核果球形，熟时黑色；核骨质，有不明显的肋纹。

分布示意图：

用　途：

山茱萸

别　名：枣皮

科　属：山茱萸科 山茱萸属

学　名：*Cornus officinalis* Sieb. & Zucc.

形态特征：落叶乔木或灌木；冬芽被黄褐色短柔毛。单叶对生，纸质，卵状披针形或卵状椭圆形，全缘，叶背脉腋密生淡褐色丛毛，侧脉 6~7 对，网脉明显。花小色黄，先叶开放，成伞形花序；花 4 基数，总苞片紫色厚纸质至革质；总花梗粗壮；花两性；花萼裂片阔三角形；花瓣舌状披针形向外反卷；雄蕊与花瓣互生；花盘垫状；花梗纤细，密被疏柔毛。核果长椭圆形，红色至紫红色；核骨质，狭椭圆形。

分布示意图：

用　途：

四照花

别　名：白毛四照花、华西四照花

科　属：山茱萸科 山茱萸属

学　名：*Dendrobenthamia japonica*（DC.）Fang

形态特征： 落叶小乔木。单叶对生，纸质或厚纸质，卵形或卵状椭圆形，全缘或有明显的细齿，叶背粉绿色，被白色贴生短柔毛，脉腋具黄色的绢状毛，侧脉4~5对，网脉明显。约40~50朵花聚集成球形头状花序；总苞片4，白色，卵形或卵状披针形，先端渐尖，两面近于无毛；总花梗纤细，被白色贴生短柔毛；花小，花萼管状，上部4裂，裂片钝圆形或钝尖形，内侧有一圈褐色短柔毛；花盘垫状；子房下位，花柱圆柱形，密被白色粗毛。果序球形，熟时红色；总果梗纤细。

分布示意图：

用　途：

照山白

别　名： 白镜子

科　属： 杜鹃花科 杜鹃属

学　名： *Rhododendron micranthum* Turcz.

形态特征： 常绿灌木，枝条细瘦；幼枝被鳞片及细柔毛。叶互生，近革质，倒披针形、长圆状椭圆形至披针形，叶面深绿色，有光泽，常被疏鳞片，叶背黄绿色，被淡或深棕色有宽边的鳞片；花大而显著，顶生，花萼宿存，花冠钟状，外面被鳞片，内面无毛，花裂片 5，较花管稍长；雄蕊 10，不等长；花盘厚，圆齿状；子房 5~6 室，密被鳞片，花柱与雄蕊等长或较短，宿存。蒴果长圆形，被疏鳞片。种子多数，细小。

分布示意图：

用　途：

秀雅杜鹃

科　属： 杜鹃花科 杜鹃属

学　名： *Rhododendron concinnum* Hemsl

形态特征： 灌木；幼枝被鳞片。叶长圆形、椭圆形、卵形、长圆状披针形或卵状披针形，叶面或多或少被鳞片，叶背粉绿或褐色，密被鳞片，鳞片略不等大；叶柄长 0.5~1.3 cm，密被鳞片。花序顶生或同时枝顶腋生，2~5 花，伞形着生；花梗密被鳞片；花萼小，5 裂；花冠宽漏斗状，略两侧对称，紫红色、淡紫或深紫色，内面有或无褐红色斑点，外面或多或少被鳞片或无鳞片；雄蕊不等长，近与花冠等长，花丝下部被疏柔毛；子房密被鳞片，花柱细长，洁净，略伸出花冠。蒴果长圆形。花期 4~6 月，果期 9~10 月。

分布示意图：

用　途：

满山红

别　名： 守城满山红、马礼士杜鹃、山石榴

科　属： 杜鹃花科 杜鹃属

学　名： *Rhododendron mariesii* Hemsl. et Wils.

形态特征： 落叶灌木；枝轮生，幼时被淡黄棕色柔毛。叶厚纸质或近于革质，常2~3集生枝顶，椭圆形、卵状披针形或三角状卵形，叶缘微反卷，初时具细钝齿，后不明显，幼时两面均被淡黄棕色长柔毛，后无毛；叶脉于叶面凹，于叶背凸出，细脉与中脉或侧脉间的夹角近于90°。花淡紫红色或紫红色，常2朵顶生，先花后叶；花梗密被黄褐色柔毛；花萼环状，5浅裂，密被黄褐色柔毛；花冠漏斗形，花冠管深裂，裂片5，长圆形，上方裂片具紫红色斑点；雄蕊8~10，不等长，花药紫红色；子房卵球形，密被淡黄棕色长柔毛，花柱长于雄蕊。蒴果椭圆状卵球形，密被亮棕褐色长柔毛。

分布示意图：

用　途：

铁　仔

别　名： 炒米柴、小铁子、牙痛草、铁
帚把、碎米果、豆瓣柴、矮零子、明立花、
野茶、簸赭子

科　属： 报春花科 铁仔属

学　名： *Myrsine africana* L.

分布示意图：

用　途：

形态特征： 矮小灌木；小枝圆柱形，叶
柄下延处多少具棱角。单叶互生，革质或
坚纸质，多为椭圆状倒卵形，叶缘常从中
部以上具锯齿，齿端常具短刺尖，两面无
毛，叶背常具小腺点；叶柄短或几无，下
延至小枝上成一定的棱角。花簇生或近伞
形花序，腋生，基部具 1 圈苞
片；花 4 数，萼片广卵形至椭
圆状卵形，具缘毛及腺点；花
冠在雌花中长为萼的 2 倍或略
长；雄蕊微长于花冠；花药长
圆形，与花冠裂片等大且略长，
雌蕊长过雄蕊，子房长卵形或
圆锥形；花冠在雄花中长为管

的 1 倍左右，裂片卵状披针形，具缘毛及腺毛；雄蕊长于花冠，被微柔毛，花
药长圆状卵形，伸出花冠约 2/3。果球形，红色变紫黑色，光亮。

柿

别　名： 柿子

科　属： 柿科 柿属

学　名： *Diospyros kaki* Thunb.

形态特征： 落叶大乔木；树皮沟纹较密，裂成长方块状。枝条具散生纵裂皮孔；小枝初时有棱。叶纸质，卵状椭圆形至倒卵形或近圆形，侧脉 5~7 对；叶柄上面有浅槽。雌雄异株，聚伞花序腋生；雄花序小，弯垂，有花 3~5，雄花小，花萼钟状，深 4 裂，裂片卵形，有睫毛；花冠钟状，黄白色，4 裂，雄蕊 16~24 枚。雌花单生叶腋，花萼绿色且有光泽，深 4 裂，肉质萼管近球状钟形，有脉；花冠淡黄白色或黄白色而带紫红色，4 裂，花冠管近四棱形，退化雄蕊 8 枚；花柱 4 深裂，柱头 2 浅裂；果形多种，果肉可食，种子数颗；褐色，椭圆状侧扁；宿存萼在花后增大增厚。

分布示意图：

用　途：

君迁子

别　名：软枣、黑枣、牛奶柿

科　属：柿科 柿属

学　名：*Diospyros lotus* L.

形态特征：高大落叶乔木；树皮深裂或不规则的厚块状剥落；小枝具纵裂的皮孔；单叶近膜质，椭圆形至长椭圆形，叶面深绿色且具光泽，叶背绿色或粉绿色，有柔毛，侧脉纤细，7~10 对；叶柄上面有沟。花单性，雌雄异株，雄花 1~3 朵腋生，簇生，近无梗；花萼钟形，多 4 裂，裂片卵形，内面有绢毛，边缘有睫毛；花冠壶形，带红色或淡黄色，雄蕊 16 枚，每 2 枚连生成对，腹面 1 枚较短毛；子房退化；雌花单生，几无梗，淡绿色或带红色；退化雄蕊 8 枚，有白色粗毛；子房 8 室；花柱 4。果近球形或椭圆形，熟时为淡黄色，后则变为蓝黑色，常被有白色薄蜡层；种子长圆形褐色，侧扁。

分布示意图：

用　途：

白 檀

别　名：土常山、乌子树、碎米子树、十里香、华山矾

科　属：山矾科 山矾属

学　名：*Symplocos paniculata*（Thunb.）Miq.

形态特征：落叶灌木或小乔木；嫩枝有灰白色柔毛。单叶，互生，膜质或薄纸质，阔倒卵形或卵形，叶缘具细尖锯齿，叶背通常有柔毛或仅脉上有柔毛；中脉于叶面凹，侧脉 4~8 对。花辐射对称，圆锥花序，常被柔毛；苞片多条形，有褐色腺点；花萼常 5 裂，萼筒褐色，裂片半圆形或卵形，稍长于萼筒，淡黄色，有纵脉纹；花冠白色，5 深裂几达基部；雄蕊 40~60 枚，子房 2 室，花盘具 5 凸起的腺点。核果卵状球形，熟时蓝色，稍偏斜，顶端宿萼裂片直立。

分布示意图：

用　途：

山 矾

别　名: 坛果山矾、总状山矾、卵苞山矾、葫芦果山矾、美山矾、银色山矾、长花柱山矾、毛轴山矾

科　属: 山矾科 山矾属

学　名: *Symplocos sumuntia* Buch.-Ham. ex D. Don

形态特征: 乔木,嫩枝褐色。单叶互生,薄革质,卵形至倒披针状椭圆形,叶缘具浅锯齿或波状齿;中脉于叶面凹下,侧脉和网脉于两面凸起,侧脉4~6对。花白色,辐射对称,总状花序被柔毛;苞片早落,阔卵形至倒卵形,密被柔毛,小苞片与苞片同形;花萼5裂,萼筒倒圆锥形,裂片三角状卵形,背面有微柔毛;花冠白色,5深裂几达基部,裂片背面有微柔毛;雄蕊25~35枚,花丝基部稍合生;花盘环状;子房3室。核果卵状坛形,外果皮薄而脆。

分布示意图:

用　途:

野茉莉

别　　名：木桔子、君迁子、耳完桃

科　　属：安息香科 安息香属

学　　名：*Styrax japonicus* Sieb.et Zucc.

形态特征：灌木或小乔木；嫩枝稍扁，初被淡黄色星状柔毛，后秃净。单叶互生，纸质或近革质，椭圆形至卵状椭圆形，全缘或仅于上半部具疏离锯齿，叶背主侧脉汇合处有白色长髯毛，侧脉5~7对，三级小脉网状于两面均明显隆起；叶柄上面有凹槽，疏被星状短柔毛。花白色，下垂，5~8朵成总状花序，顶生或腋生；花萼漏斗状，膜质，萼齿短而不规则；花冠裂片卵形或椭圆形，两面均被星状细柔毛；花丝下部联合成管，上部分离。核果卵形，外密被灰色星状茸毛，有不规则皱纹；种子褐色，有深皱纹。

分布示意图：

用　　途：

垂珠花

别　名：小叶硬田螺

科　属：安息香科 安息香属

学　名：*Styrax dasyanthus* Perk.

形态特征：乔木；嫩枝圆柱形，密被灰黄色星状微柔毛，后秃净，紫红色。叶柄、花序梗及花梗、花萼及花冠外侧果实外侧均密被星状柔毛或短茸毛。叶革质或近革质，倒卵形或椭圆形，叶缘上部有角质细锯齿，两面疏被星状柔毛，侧脉5~7对；叶柄上面具沟槽。花朵色白，圆锥花序或总状花序顶生或腋生；小苞片钻形；花萼杯状萼齿5，钻形或三角形；花冠裂片长圆形至长圆状披针形，内面无毛；花丝扁平，花药长圆形；花柱长于花冠。核果卵形或球形，平滑或稍具皱纹；种子褐色，平滑。

分布示意图：

用　途：

秤锤树

别　　名：捷克木

科　　属：安息香科 秤锤树属

学　　名：*Sinojackia xylocarpa* Hu

形态特征：乔木；嫩枝密被星状短柔毛，表皮常呈纤维状脱落。叶互生，纸质，倒卵形或椭圆形，叶缘具硬质锯齿，侧脉5~7 对。花白色，常下垂，3~5 朵成总状聚伞花序，生于侧枝顶端，有花；花梗疏被星状短柔毛；萼管倒圆锥形，外面密被星状短柔毛，萼齿5，披针形；花冠裂片两面均密被星状茸毛；雄蕊10~14 枚，疏被星状毛，花药长圆形；花柱线形。核果卵形，红褐色，具皮孔，顶端具圆锥状的喙；种子1 颗，长圆状线形，栗褐色。

分布示意图：

用　　途：

雪　柳

别　名： 五谷树、挂梁青、五谷柳、扎枝杨

科　属： 木樨科 雪柳属

学　名： *Fontanesia Labill.ffortunei* Carr.

形态特征： 落叶灌木或小乔木；小枝四棱形。单叶对生，纸质，披针形、卵状披针形或狭卵形，全缘，侧脉 2~8 对，两面稍凸起；叶柄上面具沟。花小，多朵成圆锥花序，顶生或腋生；花两性或杂性同株；苞片锥形或披针形；花萼微小，膜质宿存；花冠深裂至近基部，裂片卵状披针形；雄蕊 2 枚；子房 2 室，花柱短，柱头 2 叉。翅果黄棕色，倒卵形至倒卵状椭圆形，扁平，花柱宿存，边缘具窄翅；种子具 3 棱。

分布示意图：

用　途：

白蜡树

别　　名： 白荆树、梣、青榔木

科　　属： 木樨科 梣属

学　　名： *Fraxinus chinensis* Roxb.

形态特征： 落叶乔木；树皮纵裂。芽被棕色柔毛或腺毛。叶对生，奇数羽状复叶，叶轴挺直，上面具浅沟；小叶 5~7 枚，硬纸质，卵形、倒卵状长圆形至披针形，叶缘具整齐锯齿，侧脉 8~10 对，网脉在两面凸起。花小，雌雄异株，圆锥花序顶生或腋生枝梢；雄花密集，花萼小，钟状，无花冠，花药与花丝近等长；雌花疏离，花萼大，桶状，4 浅裂，花柱细长，柱头 2 裂。翅果匙形，坚果圆柱形；宿存萼紧贴于坚果基部，常在一侧开口深裂。

分布示意图：

用　　途：

水曲柳

别　名：东北梣

科　属：木樨科 梣属

学　名：_Fraxinus rhynchophylla.Hance._

形态特征：落叶大乔木；小枝四棱形，节膨大，具圆形皮孔及节状隆起叶痕。奇数羽状复叶；叶柄近基部膨大；叶轴具关节，沟棱有时呈窄翅状；小叶 7~11（~13）枚，纸质，长圆形至卵状长圆形，基部稍歪斜，叶缘具细锯齿，叶背沿脉被黄色曲柔毛，侧脉 10~15 对；小叶近无柄。圆锥花序，先叶开放；花序梗与分枝具窄翅状锐棱；雄花与两性花异株，均无花冠及花萼；雄花序紧密，雄蕊 2 枚，花丝甚短，开花时迅速伸长；两性花序稍松散，两侧常着生 2 枚甚小的雄蕊，花柱短，柱头 2 裂。翅果大而扁，长圆形至倒卵状披针形，扭曲，脉棱凸起。

分布示意图：

用　途：

【 264 】

连 翘

别　名： 毛连翘、黄花杆、黄寿丹

科　属： 木樨科 连翘属

学　名： *Forsythia suspensa*（Thunb.）Vahl

形态特征： 落叶灌木。小枝开展，四棱形，疏生皮孔，节间中空具实心髓。叶多为单叶，或3裂至三出复叶，卵形至椭圆形，叶缘具锐锯齿或粗锯齿，叶背淡黄绿色。花黄色，两性，常单生或2至数朵着生于叶腋，先于叶开放；花萼绿色，边缘具睫毛；花冠4深裂，裂片倒卵状长圆形或长圆形；雄蕊2枚，子房2室，花柱异长。蒴果卵球形或长椭圆形，先端喙状，表面具皮孔；种子一侧具翅。

分布示意图：

用　途：

毛丁香

科　属：木樨科 丁香属

学　名： *Syringa tomentella* Bureau & Franch.

形态特征：落叶灌木。小枝直立或弓曲，具皮孔。单叶对生，卵状披针形至椭圆状披针形，叶缘具睫毛，两面被短柔毛；叶柄被短柔毛或柔毛至无毛。花两性，淡紫红色、粉红色或白色，圆锥花序直；花序轴与花梗、花萼被短柔毛、微柔毛或近无毛；花序轴疏生皮孔；花萼小，钟状，宿存；花冠漏斗状，裂片4枚，裂片展开或反卷；雄蕊2，花药黄色，着生于花冠管喉部或略凸出。蒴果长圆状椭圆形，皮孔不明显或明显。

分布示意图：

用　途：

木 樨

别　名： 桂花

科　属： 木樨科 木樨属

学　名： *Osmanthus fragrans*（Thunb.）Lour.

形态特征： 常绿乔木或灌木。单叶对生，革质，椭圆形至椭圆状披针形，全缘或通常上半部具细锯齿，两面具腺点，侧脉6~8对，多达10对，叶柄无毛。花辐射对称，两性，极芳香，成聚伞花序，腋生；苞片宽卵形，质厚；花梗细弱无毛；花萼4裂，裂片稍不整齐；花冠黄白色、淡黄色、黄色或橘红色；雄蕊着生于花冠管中部，花丝极短，子房上位。果歪斜，椭圆形，熟时紫黑色。

分布示意图：

用　途：

流苏树

别　名： 炭栗树、晚皮树、铁黄荆

科　属： 木樨科 流苏树属

学　名： *Chionanthus retusus* Lindl. & Paxt.

形态特征： 落叶灌木或乔木。单叶对生，革质或薄革质，长圆形至圆形，全缘或有小锯齿，叶缘稍反卷，两面沿脉被柔毛，侧脉 3~5 对，细脉两面明显微凸起；叶柄密被黄色卷曲柔毛。花较大，单性而雌雄异株或为两性花，聚伞状圆锥花序，顶生；苞片线形，疏被或密被柔毛；花梗纤细无毛；花萼 4 深裂，裂片尖三角形或披针形；花冠白色，4 深裂，裂片线状倒披针形，花冠管短；雄蕊 2 枚，藏于管内或稍伸出，花药长卵形；子房卵形，柱头球形，稍 2 裂。核果椭圆形，被白粉，呈蓝黑色或黑色。

分布示意图：

用　途：

女 贞

别　名：青蜡树、大叶蜡树、白蜡树、蜡树

科　属：木樨科 女贞属

学　名：*Ligustrum lucidum* Ait.

形态特征：常绿灌木或乔木；枝具生圆形或长圆形皮孔。单叶对生，革质，卵形至宽椭圆形，叶缘平坦，叶面光亮，侧脉4~9对；叶柄上面具沟。花两性，圆锥花序顶生；花序轴及分枝轴无毛，紫色或黄棕色，果时具棱；花序基部苞片常与叶同型，小苞片披针形或线形，凋落；花萼钟形，齿不明显或近截形；花冠白色，裂片4枚，反折；雄蕊2枚，花药长圆形；子房近球形，柱头棒状。浆果状核果，肾形或近肾形，熟时呈红黑色，被白粉。

分布示意图：

用　途：

小 蜡

别　　名：山指甲、花叶女贞

科　　属：木犀科 女贞属

学　　名：*Ligustrum sinense* Lour.

形态特征：落叶灌木或小乔木。小枝圆
柱形，幼时被淡黄色短柔毛或柔毛，老时
近无毛。叶片纸质或薄革质，卵形、椭圆
状卵形或近圆形，叶面深绿色，疏被短柔
毛或无毛，或仅沿中脉被短柔毛，叶背淡
绿色，疏被短柔毛或无毛，常沿中脉被短
柔毛，侧脉 4~8 对，上面微凹入，下面略
凸起；叶柄长被短柔毛。圆锥花序顶生或
腋生；花序轴被较
密淡黄色短柔毛或
柔毛以至近无毛；
花梗被短柔毛或无
毛；花萼无毛；花
丝与裂片近等长或
长于裂片。果近球
形。花期 3~6 月，
果期 9~12 月。

分布示意图：

用　　途：

迎春花

别　名：重瓣迎春、迎春

科　属：木樨科 素馨属

学　名：_Jasminum floridum_ Bunge

分布示意图：

形态特征：落叶灌木；枝条下垂，小枝四棱形，棱上多少具狭翼。叶对生，三出复叶，小枝基部常具单叶；叶轴具狭翼；叶片幼时两面稍被毛，老时仅叶缘具睫毛；小叶片卵形至狭椭圆形，叶缘反卷，侧脉不明显；顶生小叶片较大，无柄或基部延伸成短柄，侧生小叶片小，无柄；单叶多为卵形或椭圆形。花两性，单生于叶腋，

用　途：

稀顶生；苞片小叶状，披针形、卵形或椭圆形；花萼绿色，裂片5~6枚，窄披针形；花冠黄色，高脚碟状，裂片5~6枚，长圆形或椭圆形。浆果熟时黑色或蓝黑色。

夹竹桃

别　名： 红花夹竹桃、欧洲夹竹桃

科　属： 夹竹桃科 夹竹桃属

学　名： *Nerium indicum* Mill

形态特征： 常绿直立大灌木，枝条灰绿色，含水液；嫩枝条具棱。叶 3~4 枚轮生，稀对生，窄披针形，叶缘反卷，叶背浅绿色，具洼点；中脉于叶面陷入，叶背凸起，侧脉密生而平行，多达 120 对；叶柄内具腺体。花芳香，多数成聚伞花序，顶生；苞片披针形；花萼 5 深裂，红色，披针形，内面基部具腺体；花冠深红色或粉红色，栽培亦有白色或黄色，单瓣或重瓣；副花冠裂片 5，花瓣状，流苏状撕裂；雄蕊着生在花冠筒中部以上，花药箭头状，药隔延长呈丝状，被柔毛；心皮 2，离生。蓇葖 2，离生，长圆形，具细纵条纹；种子长圆形，被锈色短柔毛。

分布示意图：

用　途：

络 石

别　名：万字茉莉、石龙藤、白花藤

科　属：夹竹桃科 络石属

学　名：_Trachelospermum jasminoides_（Lindl.）Lem.

形态特征：常绿木质藤本，全株具白色乳汁。叶对生，革质或近革质，椭圆形至卵状椭圆形或宽倒卵形，叶背被疏短柔毛，老秃净，侧脉 6~12 对；叶柄内和叶腋外腺体钻形。花白色，芳香，二歧聚伞花序，腋生或顶生；苞片及小苞片狭披针形；花萼 5 深裂，反卷，基部具 10 枚鳞片状腺体；花冠裂片倒卵形，花冠与裂片等长，中部膨大，喉部及雄蕊着生处被短柔毛；雄蕊内藏；花盘环状 5 裂与子房等长；子房无毛。蓇葖双生，线状披针形；种子线形多数。

分布示意图：

用　途：

杠 柳

别　名： 北五加皮、羊奶子、山五加皮、羊角条、羊奶条、羊角叶、臭加皮、香加皮、狭叶萝、羊角桃、羊角梢、立柳、阴柳、钻墙柳、狗奶子、桃不桃柳不柳

科　属： 夹竹桃科 杠柳属

学　名： *Periploca sepium* Bunge

形态特征： 落叶藤状灌木，具乳汁，除花外无毛；小枝常对生，有细条纹，具皮孔。单叶对生，卵状长圆形，具叶柄，羽状脉。聚伞花序腋生；花萼 5 深裂，裂片卵圆形，花萼内面基部有 10 个小腺体；花冠辐状，紫红色，内面被柔毛；副花冠环状，10 裂，其中 5 裂延伸丝状被短柔毛；雄蕊 5，着生于副花冠内面，花药彼此黏连并包围着柱头；心皮离生，柱头盘状凸起；花粉器匙形。蓇葖 2，圆柱状，具有纵条纹；种子长圆形，黑褐色，顶端具白色绢质种毛。

分布示意图：

用　途：

【 274 】

白棠子树

科　属： 紫珠属

学　名： *Callicarpa dichotoma*（Lour.）K. Koch

形态特征： 多分枝的小灌木；小枝纤细，幼嫩部分有星状毛。叶对生，倒卵形或披针形，仅上半部具数个粗锯齿，表面稍粗糙，背面无毛，密生细小黄色腺点；侧脉 5~6 对；叶柄长不超过 5 mm。聚伞花序着生叶腋上方，细弱，2~3 次分歧；苞片线形；花萼杯状，顶端具不明显 4 齿或近截头状；花冠紫色，无毛；雄蕊为花冠的 2 倍，花药卵形，细小；子房无毛，具黄色腺点。果实球形，紫色，径约 2 mm。

分布示意图：

用　途：

紫 珠

别　名： 爆竹紫、白木姜、大叶鸦鹊饭、漆大伯、珍珠枫

科　属： 紫珠属

学　名： *Callicarpa bodinieri levl.*

形态特征： 灌木；小枝、叶柄和花序均被粗糠状星状毛。单叶对生，卵状长椭圆形至椭圆形，叶缘有细锯齿，叶面被短柔毛，叶背密被星状柔毛，两面密生暗红色或红色细粒状腺点；叶柄长 0.5~1 cm。聚伞花序，4~5 次分歧，花序梗长不超过 1 cm；苞片细小，线形；花萼外被星状毛和暗红色腺点，萼齿钝三角形；花冠紫色，被星状柔毛和暗红色腺点；雄蕊 4 枚，花药椭圆形，细小，药隔有暗红色腺点；子房有毛。果实球形，熟时紫色，无毛。

分布示意图：

用　途：

豆腐柴

别　名： 土黄芪、观音柴、臭黄荆

科　属： 豆腐柴属

学　名： *Premna microphylla* Turcz.

形态特征： 直立灌木；幼枝有柔毛，老枝秃净，具黄白色腺状皮孔。单叶对生，揉之有臭味，卵状披针形至倒卵形，基部渐狭窄下延至叶柄两侧，全缘至有不规则粗齿，无毛至有短柔毛；有叶柄，无托叶。花淡黄色，聚伞花序组成顶生塔形的圆锥花序；花萼杯状，绿色，有时带紫色，密被毛至几无毛，边缘具睫毛，5浅裂；花冠4裂，多少呈二唇形，外有柔毛和腺点，内部有柔毛，以喉部较密。核果紫色，球形至倒卵形。

分布示意图：

用　途：

牡 荆

科　属： 唇形科 牡荆属

学　名： *Vitexnegundo* L. var. *cannabifolia*
（Sieb. et Zucc.）Hand.-Mazz.

形态特征： 落叶灌木或小乔木；小枝四棱形。叶对生，掌状复叶，小叶 5，稀 3；小叶片披针形或椭圆状披针形，顶端渐尖，基部楔形，边缘具粗锯齿，表面绿色，背面淡绿色，通常被柔毛。圆锥花序式，顶生，长 10~20 cm，花冠淡紫色。果实近球形，黑色。

分布示意图：

用　途：

臭牡丹

别　名：臭八宝、臭梧桐、矮桐子、大红袍、臭枫根

科　属：大青属

学　名：*Clerodendrum bungei* Steud.

形态特征：灌木，植株有臭味；花序轴、叶柄密被褐色、黄褐色或紫色脱落性的柔毛；小枝近圆形，皮孔显著。单叶对生，纸质，宽卵形或卵形，叶缘具粗或细锯齿，侧脉 4~6 对，叶面散生短柔毛，叶背疏生短柔毛及腺点或无毛，基部脉腋具盘状腺体。伞房状聚伞花序顶生，密集；苞片叶状，脱落后留凸起痕迹，小苞片披针形；花萼钟状，宿存，被短柔毛及少腺体，萼齿三角形或狭三角形；花冠淡红或紫红色，冠筒长 2~3 cm，裂片倒卵形；核果近球形，蓝黑色。

分布示意图：

用　途：

海州常山

别　名： 香楸、后庭花、追骨风、臭梧、泡火桐、臭梧桐

科　属： 大青属

学　名： *Clerodendrum trichotomum* Thunb.

分布示意图：

形态特征： 灌木或小乔木；幼枝、叶柄、花序轴等多少被黄褐色柔毛或近于无毛，老枝具皮孔，髓白色，有淡黄色薄片状横隔。单叶对生，纸质，卵形、卵状椭圆形或三角状卵形，两面幼时被白色短柔毛，侧脉 3~5 对，全缘或有时边缘具波状齿。

用　途：

伞房状聚伞花序顶生或腋生；苞片叶状，椭圆形；花萼蕾时绿白色，后紫红色，5 棱，顶端 5 深裂，裂片三角状披针形或卵形；花香，花冠白色或粉红，顶端 5 裂，裂片长椭圆形；雄蕊 4；花柱较雄蕊短，柱头 2 裂。核果近球形，熟时蓝紫色，包藏于宿萼内。

木香薷

别　名： 山荆芥、紫荆芥、香荆芥

科　属： 唇形科 香薷属

学　名： *Elsholtzia stauntonii* Benth.

分布示意图：

形态特征： 直立半灌木；茎多分枝，紫红色，被柔毛。单叶对生，披针形或椭圆状披针形，叶缘具圆齿，叶背密被腺点；叶柄带紫色，被微柔毛。穗状花序，被微柔毛，轮伞花序 5~10 花；苞片披针形或线状披针形；花萼管状钟形，密被灰白色茸毛，萼齿卵状披针形；花冠淡红紫色，被柔毛及腺点，漏斗状，二唇形。小坚果椭圆形，光滑。

用　途：

黄 荆

科　属： 牡荆属

学　名： *Viitex trifolia* Linn.

形态特征： 灌木或小乔木；小枝四棱形，密生灰白色茸毛。掌状复叶，小叶 5，少有 3；小叶片长圆状披针形至披针形，全缘或具少数粗锯齿，叶背密生灰白色茸毛；中间 3 小叶有柄，外侧 2 片小叶无柄或近于无柄。聚伞花序排成圆锥花序式，顶生，花序梗密生灰白色茸毛；花萼钟状，顶端有 5 裂齿，外有灰白色茸毛；花冠淡紫色，外有微柔毛，顶端 5 裂，二唇形；雄蕊伸出花冠管外；子房近无毛。核果近球形，宿萼接近果实的长度。

分布示意图：

用　途：

枸 杞

别　名：菱叶枸杞

科　属：茄科 枸杞属

学　名：*Lycium chinense* Mill.

形态特征：多分枝灌木；枝条细弱弯曲有纵条纹，小枝顶端锐尖成棘刺状。单叶互生或 2~4 枚簇生，纸质或厚纸质，卵形至卵状披针形，全缘；有柄。花有梗，单生或双生于叶腋，或同叶簇生。花萼常 3 中裂或 4~5 齿裂；花冠漏斗状，淡紫色，5 深裂，裂片卵形，边缘有缘毛，基部耳显著；雄蕊 5，花丝基部密生一圈茸毛成椭圆状毛丛，毛丛所对花冠筒内壁亦密生一环茸毛；花柱稍长于雄蕊，柱头绿色。浆果红色，卵状。种子扁肾形，黄色。

分布示意图：

用　途：

毛泡桐

别　名：紫花桐

科　属：泡桐属

学　名： *Paulownia tomentosa*（Thunb.）Steud.

形态特征：乔木；小枝具明显皮孔，幼时常具黏质短腺毛。叶对生，大而有柄，心脏形，全缘或波状浅裂，叶面毛稀疏，叶背毛密或较疏，老叶叶背的灰褐色树枝状毛常具柄和 3~12 条细长丝状分枝，新叶的毛常不分枝，有时具黏质腺毛；叶柄常有黏质短腺毛。花 3~5 朵成小聚伞花序，金字塔形或狭圆锥形；萼浅钟形，萼齿 5 卵状长圆形；花冠大，紫色，漏斗状钟形，外面有腺毛，檐部二唇形；雄蕊 4，二强；子房卵圆形，有腺毛。蒴果卵圆形，幼时密生黏质腺毛，宿萼不反卷；种子小而多，有膜质翅。

分布示意图：

用　途：

梓

别　　名：花楸、楸、水桐

科　　属：紫葳科 梓属

学　　名：*Catalpa ovata* G. Don

形态特征：高大乔木；主干通直，嫩枝具稀疏柔毛。单叶对生，稀轮生，阔卵形，长宽近相等，全缘或浅波状，常3浅裂，叶两面均粗糙，近无毛，侧脉4~6对，基部掌状脉5~7条；叶柄长6~18 cm。顶生圆锥花序；花序梗微被疏毛。花萼蕾时圆球形，2唇开裂。花冠钟状，二唇形，上唇2裂，下唇3裂，淡黄色，内面具2黄色条纹及紫色斑点。能育雄蕊2，花药叉开；退化雄蕊3；子房棒状，柱头2裂。蒴果线形，下垂。种子长椭圆形，两端具有平展的长毛。

分布示意图：

用　　途：

【 285 】

楸

别　名：楸树、木王

科　属：紫葳科 梓属

学　名：*Catalpa bungei* C. A. Mey.

形态特征： 小乔木。单叶对生，叶三角状卵形或卵状长圆形，有时基部具有 1~2 牙齿，叶面深绿色，叶背无毛；叶柄长 2~8 cm。花 2~12 朵成顶生伞房状总状花序；花萼 2 唇开裂，蕾时封闭成圆球形，顶端有 2 尖齿。花冠淡红色，二唇形，内面具有 2 黄色条纹及暗紫色斑点。蒴果线形。种子狭长椭圆形，薄膜状，两端生长毛。

分布示意图：

用　途：

灰 楸

别　名： 白花灰楸、紫楸、楸木

科　属： 紫葳科 梓属

学　名： *Catalpa fargesii* Bur.

形态特征： 落叶乔木；幼枝、花序、叶柄、幼叶背均有分枝毛。单叶对生，厚纸质，揉之有臭气味，卵形或三角状心形，侧脉 4~5 对，基出脉 3。花 7~15 朵成顶生伞房状总状花序。花冠淡红色至淡紫色，内面具紫色斑点，钟状。雄蕊 2，内藏，退化雄蕊 3 枚，花柱丝形，柱头 2 裂。蒴果细圆柱形，下垂，果片革质，2 裂。

分布示意图：

用　途：

凌 霄

别　名： 堕胎花、苕华、紫葳

科　属： 紫葳科 凌霄属

学　名： *Campsis grandiflora* (Thunb.) K. Schum.

形态特征： 攀缘木质藤本；茎表皮脱落，具气生根可攀附。奇数羽状复叶对生，小叶 7~9 枚，卵形至卵状披针形，侧脉 6~7 对，两面无毛，叶缘有粗锯齿，小叶有柄。花橙红色，顶生短圆锥花序，花萼钟状，近革质，不等 5 裂至中部，裂片披针形。雄蕊着生于花冠筒近基部，花丝线形，花药黄色，"个"字形着生。花柱线形，柱头扁平且 2 裂。蒴果背裂。

分布示意图：

用　途：

吊石苣苔

别　　名：吊石兰

科　　属：苦苣苔科 吊石苣苔属

学　　名：*Lysionotus pauciflorus* Maxim.

形态特征：小灌木。叶3枚多轮生，柄短或无；叶片革质，形状变化大，线形至倒卵状长圆形，叶缘在中部以上有少数牙齿或小齿，或近全缘，两面无毛，中脉于叶面下陷，侧脉不明显；叶柄常被短伏毛。聚伞花序常具细花序梗。花萼5裂达或近基部；花冠白色带淡紫色条纹或淡紫色，筒细漏斗状；上唇2浅裂，下唇3裂。雄蕊无毛，花丝狭线形，常扭曲。雌蕊内藏，子房线形。蒴果线形，种子纺锤形。

分布示意图：

用　　途：

六月雪

别　名：满天星、白马骨、路边荆、路边姜

科　属：茜草科 白马骨属

学　名：*Serissa japonica*（Thunb.）Thunb.

形态特征：落叶小灌木，多分枝，揉碎有臭气。单叶对生，聚生于短小枝上，叶革质，卵形至倒披针形，全缘，无毛；托叶与叶柄合生成短鞘。淡红色或白色花，单生或数朵丛生于小枝顶部或腋生，有被毛、边缘浅波状的苞片；萼管倒圆锥形，萼檐裂片细小，锥形，被毛；花冠裂片扩展，顶端 3 裂；雄蕊 4~6，突出冠管喉部外；花柱长，柱头 2，直，略分开。

分布示意图：

用　途：

细叶水团花

别　名：水杨梅

科　属：茜草科 水团花属

学　名：*Adina rubella* Hance

形态特征：落叶小灌木；小枝延长，具赤褐色微毛，后无毛；顶芽不显，被托叶包裹。叶对生，近无柄，薄革质，卵状披针形或卵状椭圆形，全缘；侧脉 5~7 对，被稀疏或稠密短柔毛。头状花序圆球状，单生，顶生或兼有腋生；小苞片线形或线状棒形；花萼管疏被短柔毛，萼裂片匙形或匙状棒形；花冠管 5 裂，裂片三角状，紫红色。蒴果长卵状楔形。

分布示意图：

用　途：

香果树

别　　名：小冬瓜、大叶水桐子、丁木

科　　属：茜草科 香果树属

学　　名：*Emmenopterys henryi* Oliv.

形态特征：落叶大乔木；树皮鳞片状；小枝粗壮扩展且具皮孔。叶对生，纸质或革质，阔椭圆形、阔卵形或卵状椭圆形，全缘，叶背较苍白；侧脉 5~9 对，于叶背凸起。圆锥状聚伞花序顶生；花芳香；萼管近陀螺形，近圆形裂片 5，脱落，变态的叶状萼裂片白色、淡红色或淡黄色，纸质或革质，匙状卵形或广椭圆形，有纵平行脉数条；白色或黄色花冠漏斗形，被黄白色茸毛；花丝被茸毛。蒴果长圆状卵形或近纺锤形，有纵细棱；种子多数，小而有阔翅。

分布示意图：

用　　途：

栀 子

别　名： 黄栀子、栀子花、小叶栀子、山栀子

科　属： 茜草科 栀子属

学　名： *Gardenia jasminoides* J. Ellis

形态特征： 常绿灌木。叶对生，多革质，稀为 3 枚轮生，叶形多样，长圆状披针形至椭圆形，两面常无毛，叶面亮绿，叶背较暗；侧脉 8~15 对，于叶背凸起，托叶膜质。白色或乳黄色花芳香，常单朵生于枝顶；萼管有纵棱，萼檐管形，膨大，常 6 裂，结果时增长，宿存；花冠高脚碟状，喉部有疏柔毛；花丝极短，花药线形；花柱粗厚，柱头纺锤形。果黄色或橙红色，有翅状纵棱 5~9 条，顶部的萼片宿存；种子多数。

分布示意图：

用　途：

接骨木

别　名：九节风、续骨草、木蒴藋、东北接骨木

科　属：忍冬科 接骨木属

学　名：*Sambucus williamsii* Hance

形态特征：落叶灌木或小乔木；老枝淡红褐色，具明显的长椭圆形皮孔，髓部发达淡褐色。奇数羽状复叶，对生，小叶2~3对，侧生小叶片卵圆形至倒矩圆状披针形，叶缘具不整齐锯齿，有时具1至数枚腺齿，叶搓揉后有臭气；托叶狭带形，或退化成带蓝色的突起。花叶同出，白色或黄白色花小而密成圆锥形聚伞花序，顶生；萼筒杯状，萼齿5三角状披针；花冠辐状，蕾时粉红色，5裂；雄蕊5；子房3室，花柱短，柱头3裂。核果浆果状，红色稀蓝紫黑色，卵圆形或近圆形。

分布示意图：

用　途：

【 294 】

桦叶荚蒾

别　名： 卵叶荚蒾、球花荚蒾、川滇荚蒾、阔叶荚蒾、新高山荚蒾、湖北荚蒾、毛花荚蒾、腺叶荚蒾、北方荚蒾、卷毛荚蒾

科　属： 忍冬科 荚蒾属

学　名： *Viburnum betulifolium* Batal.

形态特征： 落叶灌木或小乔木；小枝紫褐或黑褐色，稍有棱角，散生圆形、凸起的浅色小皮孔。单叶对生，厚纸质或略带革质，干后变黑色，宽卵形至菱状卵形或宽倒卵形，叶缘离基 1/3~1/2 以上具浅波状牙齿，叶背脉腋集聚簇状毛，侧脉 5~7 对；叶柄纤细，近基部常有 1 对钻形小托叶。复伞形式聚伞花序，常被黄褐色簇状短毛；萼筒具黄褐色腺点，疏被簇状短毛；花冠白色，辐状，裂片圆卵形；雄蕊常高出花冠；柱头高出萼齿。核果红色，近圆形；核扁，有 1~3 条浅腹沟和 2 条深背沟。

分布示意图：

用　途：

蝟 实

别　　名： 猬实、美人木、猬实

科　　属： 忍冬科 蝟实属

学　　名： *Kolkwitzia amabilis* Graebn.

形态特征： 多分枝直立落叶灌木；幼枝红褐色，被毛，老枝光滑。冬芽被柔毛鳞片。叶对生，具短柄，椭圆形至卵状椭圆形，多全缘，两面散生短毛，脉上和边缘密被直柔毛和睫毛。由贴近的两花组成伞房状聚伞花序；苞片 2，披针形；萼筒外面密生长刚毛；花冠钟形淡红色，5 裂；花药宽椭圆形；花柱有软毛。核果密被黄色刺刚毛，顶端伸长如角，冠以宿存的萼齿。

分布示意图：

用　　途：

二翅糯米条

科　属：忍冬科 糯米条属

学　名：*Abelia macrotera*（Graebn. et Buchw.）Rehd.

形态特征：落叶灌木；幼枝红褐色，光滑。叶对生，卵形至椭圆状卵形，基部钝，叶缘具疏锯齿及睫毛，叶面叶脉下陷，疏生短柔毛，叶背灰绿色，中脉及侧脉基部密生白色柔毛。聚伞花序，生于小枝顶端或上部叶腋；花大，长 2.5~5 cm；苞片红色，披针形；小苞片 3 枚；萼筒被短柔毛，萼裂片 2 枚，长为花冠筒的 1/3；花冠浅紫红色，漏斗状，外面被短柔毛，内面喉部有长柔毛，裂片 5；雄蕊 4 枚，二强。革质瘦果，被短柔毛，冠以 2 枚宿存而略增大的萼裂片。

分布示意图：

用　途：

蓪梗花

别　　名：短枝六道木

科　　属：忍冬科 糯米条属

学　　名：*Abelia engleriana*（Graebn）Rehd.

形态特征：落叶灌木；幼枝红褐色，被短柔毛，老枝树皮条裂脱落。单叶对生，圆卵形、狭卵圆形、菱形、狭矩圆形至披针形，叶缘具稀疏锯齿，有时近全缘而具纤毛，两面疏被柔毛，叶背基部叶脉密被白色长柔毛。聚伞花序状；萼筒细长，萼檐2裂，裂片椭圆形，与萼筒等长；花冠红色，狭钟形，5裂，稍呈二唇形，筒基部两侧不等，具浅囊；雄蕊4枚，花丝白色；花柱与雄蕊等长，稍伸出花冠喉部。果实长圆柱形，2萼裂片宿存。

分布示意图：

用　　途：

唐古特忍冬

别　名：陇塞忍冬、五台忍冬、五台金银花、裤裆杷、权杷果、羊奶奶、太白忍冬、杯萼忍冬、毛药忍冬、袋花忍冬、短苞忍冬、四川忍冬、毛果忍冬、毛果袋花忍冬、晋南忍冬

科　属：忍冬科 忍冬属

学　名：*Lonicera tangutica* Maxim.

分布示意图：

用　途：

形态特征：落叶灌木；幼枝无毛或有2列弯的短糙毛，有时夹生短腺毛，二年生小枝淡褐色，纤细，开展。叶对生，纸质，倒披针形至椭圆形，顶端钝或稍尖，基部渐窄，两面多被短糙毛或短糙伏毛，叶背常被糙缘毛。双花具纤细总花梗，稍弯垂，被糙毛或无毛；苞片狭细，有时叶状；相邻两萼筒中部以上至全部合生，萼檐杯状，长为萼筒的2/5~1/2或相等；花冠白色、黄白色或有淡红晕，筒状漏斗形，筒基部稍一

侧肿大或具浅囊；雄蕊着生花冠筒中部，花药内藏；花柱高出花冠裂片。浆果红色；种子淡褐色。

【 299 】

金花忍冬

别　名： 黄花忍冬

科　属： 忍冬科 忍冬属

学　名： *Lonicera chrysantha* Turcz.

形态特征： 落叶灌木；幼枝、叶柄和总花梗常被开展的直糙毛、微糙毛和腺毛。冬芽鳞片 5~6 对，外面疏生柔毛，有白色长睫毛。叶对生，纸质，菱状卵或卵状披针形，两面脉上被直或稍弯的糙伏毛，中脉毛较密，有直缘毛；叶柄长 4~7 mm。总花梗细；苞片条形或狭条状披针形，常高出萼筒；小苞片分离，为萼筒的 1/3~2/3；相邻两萼筒分离；花冠先白色后变黄色，外面疏生短糙毛，唇形，唇瓣长 2~3 倍于筒，筒内有短柔毛；雄蕊和花柱短于花冠，花丝中部以下有密毛；花柱全被短柔毛。蒴果红色，圆形。

分布示意图：

用　途：

忍 冬

别　名： 老翁须、鸳鸯藤、蜜桷藤、子风藤、右转藤、二宝藤、二色花藤、银藤、金银藤、金银花、双花

科　属： 忍冬科 忍冬属

学　名： *Lonicera japonica* Thunb.

形态特征： 半常绿藤本；幼枝红褐色，密被黄褐色、开展的硬直糙毛、腺毛和短柔毛，下部常无毛。叶对生，纸质，卵形至矩圆状卵形，有糙缘毛，叶生于小枝上部常两面密被短糙毛；叶柄密被短柔毛。总花梗与叶柄等长或稍较短；苞片大，叶状，长达 2~3 cm；小苞片为萼筒的 1/2~4/5，有短糙毛和腺毛；萼筒无毛，萼齿外面和边缘都有密毛；花冠白色，有时基部向阳面呈微红，后变黄色，唇形，筒稍长于唇瓣，外被糙毛和长腺毛，上唇裂片顶端钝形，下唇带状而反曲；雄蕊和花柱均高出花冠。

分布示意图：

用　途：

蒴果圆形，熟时蓝黑色，有光泽；种子褐色，中部有 1 凸起的脊，两侧有浅的横沟纹。